© Samuel Prétat

Ci-dessus, «Christoph Regensburg», l'EC 145 msn 9293 de la DRF allemande, l'un des deux principaux opérateurs de secours outre-Rhin avec l'ADAC. Radar météo, projecteur et plaque anti-enfoncement sont quelques unes des options installées.

Above, EC 145 « Christoph Regensburg » msn 9293 is one of seven EC 145s in EMS service with Germany's DRF, the country's main HEMS operator with ADAC. This ship is fitted with a weather radar, «bear paws» and a search light.
© DRF Luftrettung

Ci-dessous, la Gendarmerie française utilise ses «Choucas» pour la protection des grands événements, tel ici à Strasbourg en 2007 lors d'un sommet de l'OTAN. L'hélicoptère est un auxiliaire puissant pour les forces au sol qu'il peut guider depuis les airs

Below, this French Gendarmerie EC 145 msn 9173, call sign "Choucas", is helping to protect the NATO summit being held at Strasbourg in 2007. Police helicopters are a powerfull tool to help ground forces deploy to control protestors or search large areas.
© Rémy Michelin

© Rega

L'ÉPOPÉE DU « BK »

L'EC 145 est l'héritier d'une lignée aux origines germaniques certaines. La machine s'est arrondie et modernisée avec le temps, même si sa tête de rotor reste assez basique dans sa conception, et elle semble être une marque de réussite commerciale et technique en ce début de XXIe siècle très marqué par les soubresauts de cette interminable crise économique.

Ses pilotes l'appellent le « BK » car chez le constructeur, il est connu en tant que BK 117 C-2, neuvième modèle de cette série qui est née du Bö 105 de 1967 et se présente aujourd'hui comme le produit le plus populaire de la catégorie des hélicoptères de moins de quatre tonnes. Il est vendu dans le monde entier pour le secours aérien, le transport de personnes, le transport médical ou la sécurité publique mais son principal « fait d'arme » est d'avoir convaincu l'armée américaine pour le remplacement de ses mythiques Huey et Kiowa qui dataient de la guerre du Viêt-Nam.

Très populaire en France, où il équipe la Sécurité Civile et la Gendarmerie, et en Allemagne, avec les non moins populaires ADAC et DRF Luftrettung, l'EC 145 a également conquis l'Amérique Latine, où il est commercialisé par Helibras, auprès de plusieurs forces militaires et paramilitaires sur un marché très gourmand en voilures tournantes, témoin la tournée brésilienne du H145 début 2015. L'Afrique n'y échappe pas avec quelques utilisateurs publics et privés, sans oublier évidement l'Asie avec le Japon où il est coproduit par KHI sous sa dénomination constructeur originale.

Condensé de technologies, l'EC 145 continue à se développer avec sa dernière version, le T2, équipé d'un Fenestron et d'un FADEC qui lui permettent de rester en haut du classement grâce à une optimisation du rendement moteur et d'excellentes performances en conditions extrêmes. Avec la mise sur le marché des modèles spécifiques à destination des clients civils et militaires, l'industriel européen est à même de proposer des machines sur mesure à moindre coût.

Le « BK » a de beaux jours devant lui et les récents contrats décrochés par le constructeur prouvent à quel point il répond à des besoins précis. Nous sommes heureux de vous proposer la première étude complète sur l'EC 145, avec ses versions, ses utilisateurs et ses missions, sans oublier les pilotes qui nous ont fait l'honneur de partager ici leur expérience sur cet hélicoptère.

Enfin, nous avons choisi de nous focaliser sur les principaux utilisateurs institutionnels, publics et militaires. Malgré tout l'intérêt qu'il présente, le marché privé est en effet trop évolutif, avec autant de configurations que de clients pour des machines souvent uniques : cela entre trop dans le détail et la place nous manque...

THE STORY OF THE "BK"

The EC 145 is of true Germanic lineage. While this well known line of machines may have become more modern and rounder with years, even though its rotor head remains somewhat basic to today's standards, it appears to be a good example of commercial and technical success in an early 21st century strongly marked by a never ending crisis.

Its pilots call it "BK" because its original maker designed it as the BK 117 C-2, 9th variant of this popular helicopter family born from the 1967-vintage Bö 105. It is one of the most appreciated rotary-wing machines in the under 8,000 lbs category, and it has been sold worldwide for rescue missions, light transportation, and EMS or law enforcement roles. However, its best "feat of arms" came when it was chosen by the US Army as the replacement for its famous Viet Nam era Hueys and Kiowas.

In service in France with the Sécurité Civile *and the* Gendarmerie *air branches, and in Germany with ADAC and DRF Luftrettung, the EC 145 has also conquered Latin America, being distributed by Helibras to many police and public operators in a very demanding market for helicopters, as testified by the H145 Brasilian tour in early 2015. In Africa it has modestly found some customers, while in Japan it sees moderate use where the Kawasaki Heavy Industry assembly line produces it under its "original" designation.*

The current model is a modern one that is still undergoing development with its latest variant, the EC 145 T2 now called H145, being fitted with a Fenestron and digitally-controlled engines that provide it with excellent performances in hot-and-high conditions. Fielding cheaper custom-made variants allows the European maker to offer a large selection of missions to very specialized users.

The "BK" still has many years to live and the latest contracts won by Airbus Helicopters would testify that the machine is meeting the demand. We are very glad to release the first-ever monographic study presenting the EC 145 helicopter family its variants, its operators and its missions, including pilots' first-hand accounts to provide a broader perspective on this helicopter.

We have deliberately chosen to stick to military and governmental operators because we have found the private market as being too wide and evolving to present machines that are often unique to a specialized group. We unfortunately have not enough room to be that exhaustive.

Ci-dessus, «Christoph 3» est le Bö 105 A msn S-12 converti en CBS-5 pour le *Bundesministerium des Innern* (BMI, ministère fédéral de l'intérieur). Il a longtemps servi pour le transport sanitaire et l'EMS.

Above, Bö 105 A msn S-12 has been converted to CBS-5 standard while flying with the Bundesministerium des Innern *(BMI or Federal Minsitry of Interior). It has been used for decades for EMS, as "Christoph 3". - © BundesPolizei*

Ci-dessous, ce Bö 105 D a été utilisé par l'*East Anglian Air Ambulance* (EAAA) entre 2001 et 2007 pour les missions de transport sanitaire autour de la ville de Norwich.

Below, this Bö 105 D has been used by East Anglian Air Ambulance at Norwich for critical EMS flight between 2001 and 2007
© EAAA

© DR

DU MBB BÖ 105 AU BK 117 C-2

L'EC 145 est né d'une lignée de prédécesseurs fabriqués par l'hélicoptériste allemand Messerschmitt-Bölkow-Blohm (MBB) et commercialisé à partir de la fin des années 1960. Le développement industriel qui a permis l'avènement de l'EC 145 est une bonne illustration de la vie des entreprises sur un marché qui se limite désormais à une poignée d'acteurs clé. Que de chemin parcouru entre Bölkow et Airbus Helicopters à l'écriture de ces lignes ! Dans cette aventure industrielle, nous allons nous intéresser à ce qui a abouti au BK 117 C-2, redésigné EC 145, par l'Eurocopter et qui a connu un nouveau développement avec la mise en service du T2 équipé d'un Fenestron.

D'une entreprise à l'autre

Pour suivre les développements de cette famille d'hélicoptères de la catégorie des trois/quatre tonnes, nous allons suivre les développements du Bö 105 et de ses avatars. Mais intéressons-nous aux entreprises avant de parler des machines. Au lendemain de la Seconde Guerre mondiale, en 1948, Ludwig Bölkow ouvrit son cabinet d'ingénierie à Stuttgart et ses travaux l'orientèrent peu à peu vers ce qui l'intéressait vraiment, à savoir l'aéronautique. Travaillant avec un groupe d'experts spécialisés dans l'étude de voilures tournantes, le *Deutsch Studiengruppe für Hubschrauber* (ou DSH), il participa à la conception d'une première machine d'entrainement et d'essais, le P102 qui reçut la désignation commerciale Bö 102 Helitrainer. En 1958, il créa la Bölkow Entwicklungen KG dont il installa le siège près de Munich pour lancer l'assemblage du Bö 102. Cette première machine statique très rudimentaire longue de 5,68 mètres rappelait le Djinn français en plus petit. Elle était construite autour d'un moteur deux-temps Hirth à trois cylindres de 40 chevaux (30 kW) entrainant un rotor à une pale de 6,58 mètres avec un contrepoids à la place de l'autre pale ! Posé sur un socle dynamique, l'Helitrainer familiarisa nombre de pilotes avec le concept de voilure tournante.

Ce premier essai concluant avec ses débouchés commerciaux lui permit de répondre à un appel d'offre du ministère de la défense allemand pour un « vrai » hélicoptère et en 1961, il proposa le Bö 103 qui fit son premier vol le 14 septembre. Conçu par Hans Deschmidt, cette machine était en fait un Bö 102 volant, avec patins, un moteur de 60 chevaux et toujours cet étrange rotor à une pale de 6,57 mètres avec contrepoids qui volait étonnamment bien au regard du concept. Ce prototype unique ne déboucha sur aucune production car la *Bundesheer* ne montrait plus d'intérêt pour ce modèle qui fut abandonné en 1962, mais il pava la voie à une famille de machines à la popularité croissante.

FROM MBB BÖ 105 TO BK 117 C-2

The EC 145 was born from post-war studies initiated by Messerschmitt-Bölkow-Blohm (MBB) and marketed from the late 1960s onward. The industrial development that gave birth to the EC 145 is a good case in an industry that is now limited to a handful of key players. Much has taken place since the creation of the Bölkow concern, and we will present how this led to the BK 117 C2, now designated EC 145 by Eurocopter, all the way up to its latest variant the "Fenestronized" EC 145 T2.

From one company to another

To understand the development of this 3-to-4-ton range of rotary-wing machines, let us start with the Bö 105 and its variants. In 1948 Ludwig Bölkow, in the wake of the devastation of World War II, opened an engineering firm in Stuttgart to work on his master subject: aeronautics. Assisted by a group of rotary-wings experts, the Deutsch Studiengruppe für Hubschrauber *(DSH), he developed the P102 that was a first concept destined for training and trials as the officially designated Bö 102 Helitrainer. In 1958 Bölkow launched a new concern, Bölkow Entwicklungen KG headquartered near Munich, to start full production of the Bö 102. This diminutive and rudimentary machine was 18.64 ft. long, with a 21 ft. single-bladed fiberglass counterbalanced rotor powered by a 3-cylinder 30 kW Hirth engine. This captive machine would help train many early helicopter pilots, and this first success then allowed him to bid in response to a German Ministry of Defense tender for a "real" helicopter. Bölkow then completed the design and construction of the Bö 103 that first took to the air on September 14, 1961. Designed by Hans Deschmidt this new machine was actually a flying Bö 102 on skids, now powered by a 40 kW engine driving a counterbalanced 21.56 ft-rotor that proved to be a concept resulting in surprisingly good performance. The lone prototype would never reach production when the Bundesheer lost interest in this model and it was abandoned in 1962. However, it certainly would now open the way to the start of a popular family of German helicopters from this company.*

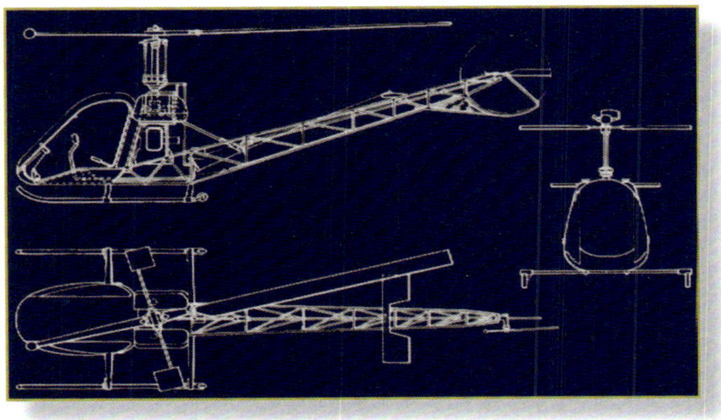

Le Bö 102 Helitrainer fut le premier simulateur allemand de voilure tournante. Il était captif de son socle mais se présentait comme un parfait simulateur pour les pilotes de ces nouvelles machines

The Bö 102 Helitrainer was Germany's first helicopter simulator, a captive device that provided realistic training to the fledgling pilots of these new machines.

1961 marqua le début de travaux sur deux nouveaux modèles que la jeune société a rapidement désignés Bö-46 et Bö 105 pour explorer de nouvelles voies et répondre à une éventuelle demande officielle. Le Bö-46 notamment fit l'objet de trois prototypes assemblés pour le compte du ministère de la Défense allemand, le premier vol de ce démonstrateur étant effectué le 30 janvier 1964. Cet aéronef au fuselage caréné, également dessiné par Hans Deschmidt, était mû par un moteur Turboméca Turmo de 800 chevaux qui entrainait un rotor à cinq pales et un anticouple asymétrique à six pales. La conception du rotor et de sa tête, un système dynamique jouant sur l'équilibre entre la trainée et le poids des pales, laissait entrevoir une vitesse maximum de près de 400 km/h, une limite imposée principalement par la puissance du moteur. Toutefois, le passage à la pratique s'avéra beaucoup moins prometteur car les premiers essais entrainèrent des phénomènes d'oscillation provoqués par des contraintes dynamiques inattendues. Une simplification du rotor et un changement de matériau pour de la fibre de carbone permirent de résoudre une partie des problèmes mais il restait complexe et peu économique. Le moteur fut aussi changé contre un Turboméca Marboré qui emmenait encore la machine à 320 km/h. La suite se profilait car les travaux sur le Bö-46 permirent d'avancer sur l'autre projet de Bölkow.

New designs started in 1961 by the young company soon produced two new models, the experimental Bö-46 and the Bö 105, both meant to explore new technologies to meet potential tenders. Three prototypes of the Bö-46 were produced on request for the German Ministry of Defense, with the first demonstrator flight taking place on January 30, 1964. This hard-skin machine had also been designed by Hans Deschmidt, and was powered by a 597 kW Turbomeca Turmo driving a five-bladed bearingless main rotor and an asymmetric six-bladed tail rotor. The design of the dynamic rotor system was aimed at balancing the drag and the weight of each blade, allowing flying speeds up to 216 knots depending on the engine power setting. Practice did not meet theory however, and the first tests showed unexpected oscillatory blade flapping problems. Even though simplifying the rotor system and using carbon-fiber helped solve some of the issues, the machine remained complex and expensive to operate. The Turmo engine was replaced by a Marboré, taking the machine at speeds up to 173 knots, but still no production would emerge from these trials. However, this experience was fruitful for the company's future projects.

Le MBB Bö 105

La société de Ludwig Bölkow obtint un financement du ministère allemand de l'économie en 1963, alors que les études étaient engagées depuis deux ans sur un hélicoptère de conception plus classique mais bénéficiant des résultats obtenus sur les modèles précédents. Emil Weiland travaillait avec Bölkow depuis 1955 et la société bénéficiait de nombreuses aides fédérales en vue de développer une industrie propre à concurrencer les grands industriels des pays vainqueurs de la Seconde Guerre mondiale. Les progrès réalisés permirent de tisser un réseau commercial et de créer des partenariats avec des entreprises étrangères, au nombre desquelles se trouvait Sud Aviation qui s'était déjà beaucoup investi dans le domaine des voilures tournantes.

MBB Bö 105

In 1963, after his company had been engaged in the development of a more classic design for the previous two years, Bölkow began to receive financing from the German Ministry of Economy. In fact Ludwig Bölkow and Emil Weiland, his partner since 1955, had been helped by the Federal government since the inception of their business as Germany wanted to develop its own aerospace industry in order to compete with larger groups from Britain and France. Benefiting from the progress made with their concept-ships, they now managed to expand their network and start partnerships with foreign companies such as Sud Aviation in France who had also invested a lot in rotary-wing development.

Portrait de Ludwig Bölkow (1912-2003), spécialiste incontournable des voilures tournantes en Allemagne.

Ludwig Bölkow (1912-2003) was a key figure in the helicopter development in Germany.
© DR

En haut, le Bö 46V1 exposé aujourd'hui au musée allemand de l'hélicoptère à Bückeburg

Above, Bö 46V1 is displayed at the German helicopter museum at Bückeburg
© Stahlkocher

Ci-dessus, NBö 105 CB de la marine indonésienne fait partie des hélicoptères assemblés localement par IPTN. Il sert à la patrouille et au transport.

This Indonesian Navy NBö 105 CB is one of six in service, all assembled locally by IPTN. These helicopters are used for transport and patrol.
© Commonwealth of Australia

Cherchant à se positionner sur le créneau des hélicoptères légers, la société de Bölkow avait donc commencé à développer une machine de cinq ou six places motorisée par deux turbines. Mû par deux MAN-turbo 6022 entrainant un rotor conventionnel emprunté à un Westland Scout, le prototype « *Versuchs Eins* » (V-1) ne décolla jamais car il fut détruit lors d'essais au sol en 1965. Continuant ses travaux en vue de l'assemblage d'un nouveau prototype, la société continuait à trouver des partenaires afin de partager le financement et l'innovation pour la future machine. En 1966, la raison sociale fut changée en Bölkow GmbH suite à une restructuration facilitée par un influx de liquidités fourni par Boeing. Et bientôt, le V-2 fut prêt à s'envoler. La même année, ne disposant pas encore d'une machine prête à recevoir leur premier rotor rigide en composite, les ingénieurs de Bölkow firent appel à Sud Aviation. La société française, installée à Marignane, mit donc une Alouette II tripale à disposition en vue de ces premiers essais qui furent déterminants dans la conception du rotor et des pales puisque la tête de rotor Bölkow fut testée plus d'un millier d'heures.

C'est le 16 février 1967 que le Bö 105 V-2 fit son premier vol, à Ottobrunn au sud de Munich, piloté par Wilfried von Engelhardt pendant dix-huit minutes. Immatriculé D-HECA était équipé de deux turbines Allison T63 de 375 chevaux chacune et toujours avec un rotor non articulé. Un troisième prototype fut construit, propulsé par deux turbines Allison 250-C18, et il prit l'air le 20 décembre 1967, suivi en 1969 du V-4 (doté de deux Allison 250-C20 qui vola le 1er mai 1969) et enfin du V-5. Entretemps, côté industriel, les choses s'accéléraient et en juin 1968, Bölkow fusionna avec Messerschmitt AG dans le cadre d'une opération fortement encouragée par l'État allemand désireux de développer une industrie nationale. Et en mai 1969, la nouvelle entité fusionna avec Hamburger Flugzeugbau GmbH, filiale de Blohm und Voss, pour prendre le nom commercial de Messerschmitt-Bölkow-Blohm, ou MBB en plus court.

Le prototype V2 du Bö 105 a volé sans ses capots moteurs et a effectué une centaine d'heures de vol avant de passer la main.

The Bö 105 V2 prototype has flown about a hundred hours, without its cowlings before giving way to the newer prototypes. © MBB

La route du succès

L'arrivée du MBB Bö 105 fut une petite révolution sur le marché des hélicoptères légers. D'un poids total en charge de deux tonnes, la machine bénéficiait de l'avantages indéniables de ses deux moteurs en termes de performances et de sécurité. Robuste et fonctionnelle, elle consistait en un fuselage ovoïde monté sur deux patins, avec une poutre haute au bout de laquelle tournait un anticouple bipale. Deux portes cargo arrière ermettaient de charger un compartiment bagage rotor tournant. Les deux turbines entrainaient un rotor quadripale semi-rigide en matériaux composites dont les caractéristiques firent du Bö 105 le premier hélicoptère capable de faire un looping. Les essais particulièrement concluants menés sur les uatre prototypes permirent de lancer la production dès 1969 et le 13 octobre 1970, le Bö 105 A équipé de deux turbines Allison 250-C18 fut certifié par le

Seeking a position in the light helicopter range Bölkow had started to work on a five- to six-seat machine powered by two MAN-turbo 6022 engines, which was then fitted with a conventional rotor borrowed from a Westland Scout. The prototype designated Versuchs Eins *(V-1) never took off as it was destroyed during ground resonance testing in 1965. A new prototype was then assembled while the company kept looking for partners to finance and market this new model. In 1966 the restructured company became Bölkow GmbH after receiving a cash intake from Boeing, and soon after it was able to roll-out a new prototype designated V-2. That same year, before the V-2 was completed, company engineers sought assistance from Sud Aviation when it needed to test its rigid composite rotor. Sud Aviation lent them a three-bladed Alouette II which allowed the Bölkow rotor assembly to be tested over a thousand hours before being integrated on models to come.*

On February 16, 1967 just south of Munich at Ottobrunn, Bö 105 V-2 first took to the air with Wilfried von Engelhardt at the controls for a brief eighteen-minute flight. Coded D-HECA, the new ship was powered by two Allison T63 turbines each producing 313 kW, driving a four-bladed rigid rotor. A third prototype (V-3) was then fitted with two Allison 250-C18 turbine engines and first took to the air on December 20, 1967. This would be followed on May 1, 1969 by V-4 powered by two Allison 250-C20, with V-5 later succeeding that.

In the meantime, at the management level, Bölkow merged with Messerschmitt AG under the auspices of a Federal government eager to help its fledgling national industry. In May 1969 this new venture then merged with a Blohm und Voss subsidy, Hamburger Flugzeugbau GmbH, giving birth to Messerschmitt-Bölkow-Blohm (MBB).

The road to success

The marketing of the MBB Bö 105 was a real break in the light utility helicopter range. Weighing up to two tons at take-off the new sturdy and practical ship had real qualities, and its two engines were a guarantee of excellent flying characteristics and safety. Its egg-like fuselage stood on two skids and featured a high boom allowing for two clamshell doors in the rear for a baggage compartment accessible with the rotors turning. The turbines were driving a four-bladed semi-rigid composite rotor that made the Bö 105 the first helicopter in history capable of performing an inside loop.

Luftfahrt-Bundesamt, l'équivalent allemand de la DGAC. À l'évidence, les premiers clients furent allemands et c'est l'ADAC, l'automobile club fédéral, qui lança le modèle sur le marché, en recevant son Bö 105 A « Christoph 1 » à Munich, rapidement suivi par la police bavaroise. La production démarrant sous de bons auspices, la certification par la FAA en 1972 ouvrit le marché américain et la version A fut remplacée par la C, plus lourde de 300 kg et plus puissante car propulsée par deux turbines Allison 250-C20 de 400 ch chacune. La même année, la CAA britannique certifiait l'hélicoptère pour le Royaume-Uni. En 1976, une nouvelle version mue par deux Allison 250-C20B arriva, le Bö 105 CB qui allait devenir la variante standard. Puis, à la demande du marché américain, le fuselage fut allongé de 25 cm, pour une masse totale de 2 400 kg, pour lancer le Bö 105 CBS appelé « Twin Jet » sur ce marché gourmand en hélicoptères sanitaires.

En sus des nombreux utilisateurs publics et privés, les militaires vinrent grossir le carnet de commande avec la Bundesheer qui commanda cent Bö 105 M VBH (*Verbindungs und Beobachtungs Hubschrauber*, hélicoptère de liaison et d'observation) en 1977, auxquels s'ajoutèrent deux cent douze Bö 105 P PAH-1 (*Panzer Abwehr Hubschrauber*, hélicoptère anti-char). En 1979, c'est l'armée de terre espagnole qui commanda soixante Bö 105 CB, désignés HA-15 et HR-15 dans les FAMET, dont cinquante-sept furent assemblés localement par CASA, posant les jalons d'une future collaboration fructueuse.

Pas moins de vingt-cinq variantes furent développées, au fil des ans et des utilisateurs qui virent compléter le carnet de commandes du Bö 105, et cela donna lieu à plusieurs associations pour des productions sous licence à travers le monde. Outre CASA vu plus haut, MBB Canada fut chargé, dès 1984, de la production du Bö 105 LS, un CBC allongé et propulsé par deux Allison 250-C28C de 500 ch chacun. Ce modèle produit en plusieurs lots était plus particulièrement conçu pour le travail aérien et le levage, jusqu'au Bö 105 LSA-3 Super Lifter de 1995 d'une masse maximum au décollage de 2 850 kg. En Indonésie, c'est la société IPTN/Dirgantara qui reçut la licence pour assembler des NBö 105 CB et CBS, avec quelque cent-vingt-et-un appareils vendus en Asie du Sud-Est. Enfin, aux Philippines, la société Philippine Aerospace Development Corp (PADC) a assemblé et commercialisé quarante-quatre Bö 105 pour le marché local et les forces philippines.

Côté industriel, en décembre 1989, MBB avait été racheté par le jeune consortium Daimler Benz (créé le

The trials with the four prototypes turned out particularly well leading to the start of production in 1969. The twin-Allison 250-C18 Bö 105 A was certified by the German Luftfahrt-Bundesamt, the German civil aviation authority, on October 13, 1970 with the first customers being local ones: the German automobile club ADAC received its first Bö 105 A "Christoph 1" in Munich, soon followed by others for the Bavarian police. The production pace then rapidly increased, and in 1972 the model was certified by the American FAA opening the US market to this helicopter. The A variant was soon superseded by the C which was heavier by 660 lbs, and featured more powerful twin Allison 250-C20 engines each rated at 304 kW. That same year the British CAA would also certify the type for the UK. In 1976 MBB marketed the very popular Bö 105 CB powered by two Allison 250-C20Bs, leading to a version that would be lengthened by 10 inches to become the Bö 105 CBS. This heavier model was perfectly adapted to the US EMS market that designated it the "Twin Jet".

Aside from all the private and public operators, a few military organizations contributed to fill the order book. This included the German Bundesheer *who placed an order in 1977 for 100 Bö 105 M VBHs liaison and scouting helicopters (*Verbindungs und Beobachtungs Hubschrauber*), and 212 Bö 105 P PAH-1s anti-tank helicopters (*Panzer Abwehr Hubschrauber*). In 1979 the Spanish Army Air Corps ordered 60 Bö 105 CBs, of which 57 were locally assembled by CASA under the HA-15 and HR-15 designations. This arrangement paved the way to future industrial cooperation with CASA.*

No less than twenty-five variants of the Bö 105 were produced to accommodate a wide range of missions for the many operators worldwide. Most were manufactured by MBB in Germany however, besides CASA, other companies had the privilege of licensing this helicopter. MBB Canada launched the Bö 105 LS in 1984, which was actually a lengthened CBS powered by a pair of Allison 250-C28Cs each yielding 373 kW, with several batches manufactured mainly for aerial works. One of its most powerful derivatives being the 6,283 lbs Bö 105 LSA-3 "Super Lifter" marketed in 1995. In Indonesia the local company IPTN/Dirgantara was granted licensing for NBö 105 CBs and CBSs, with some 121 units being sold in South East Asia through this company starting with several kits shipped from Germany.

En haut, un PAH-1 de l'armée allemande en manoeuvre avec six missiles antichar. Dessous, un Bö 105 de la police nationale espagnole. Tout deux illustrent parfaitement la polyvalence de cette machine robuste et agile.

Above, a German army PAH-1 armed with six antitank missiles next to a Spanish national police Bö 105 in a dive. Both show the variety of roles in which this agile and rugged helicopter can be used.
© Bundesheer / © Ejercito del Aire

Le Bö 105 CBS-4 msn S-857 « Naval 44 » est l'un des cinq « BO-05 Bolkow » en service avec l'Armada de Chile pour la recherche et sauvetage.

This Bö 105 CBS-4 is one of five locally-designated "BO-05 Bolkow" still in service with the Chilean Navy for SAR duties, including in Antartica.
© Armada de Chile

19 mai précédent). Le nouveau groupe, appelé DASA pour *Deutsche Aerospace AktienGesellschaft*, regroupait désormais la plupart des sociétés aérospatiales allemandes mais la croissance ne s'arrêta pas là. Français et Allemands travaillant ensemble sur les voilures tournantes depuis 1966, DASA et la division hélicoptères d'Aérospatiale fusionnèrent le 1er janvier 1992 pour former le groupe Eurocopter. Le Bö 105 resta encore neuf ans au catalogue puisque sa production s'est arrêtée en 2001 avec mille quatre cent six machines vendues dans cinquante-trois pays, la moitié étant encore en fonction à l'écriture de ces lignes. Son successeur chez Eurocopter est l'EC 135 (développé comme Bö 108 par MBB) sur lequel on retrouve la même configuration de base, qui préfigurait aussi la famille des BK 117 qui en est dérivée.

Arrive le BK 117

Durant les années 1970, MBB commença à travailler à une version agrandie et plus moderne du Bö 105, une variante qu'elle désigna Bö 107. Dans le même temps, le japonais Kawasaki avait commencé le développement d'un modèle répondant au même cahier des charges, le KH-7. Fort logiquement, contact fut pris en 1975 et le 25 février 1977, les deux sociétés mirent leurs projets en commun en vue de la production d'un modèle unique rapidement désigné MBB-Kawasaki BK 117. Aussi carré que le Bö 105 était rond, le BK 117 reprenait néanmoins les mêmes caractéristiques que son prédécesseur : deux moteurs entrainant un rotor semi-rigide, fuselage sur patins, soute accessible par deux portes cargo arrières et poutre haute permettant le chargement rotor tournant.

Le 13 juin 1979, le prototype allemand prit l'air à Ottobrunn, suivit le 10 août du prototype japonais. À la suite de quatre prototypes, la production fut lancée en parallèle dans les deux pays, avec un exemplaire allemand qui décolla le 6 mars 1981 en Allemagne et un japonais qui prit l'air le 24 décembre suivant. Le 9 décembre 1982, l'Allemagne certifiait le MBB BK 117 A-1 motorisé par deux turbines Honeywell LTS 101-650B-1 de 550 chevaux chacune pour une masse totale en charge de 2 850 kg et un plafond maximum de 4 572 mètres. Quelques semaines plus tard, c'est le Japon qui certifiait sa machine, permettant la commercialisation quasi simultanée sur les deux marchés. Le choix de la turbine

Lastly, Philippines' Philippine Aerospace Development Corp (PADC) assembled 44 Bö 105s for the national market that would include the military.

In December 1989 MBB was bought by a new German consortium named Daimler Benz, a group that was born only a few months before. The new venture was called DASA, for Deutsche Aerospace AktienGesellschaft, *and was a merger of most of Germany's aerospace industries. However, as the French and the Germans had been working together since 1966, DASA and Aerospatiale's helicopter divisions then merged on January 1, 1992 to give birth to Eurocopter. In 2001 at the end of its production run 1,406 Bö 105s had been produced and sold in 53 countries, with half of these still flying throughout the world in early 2015. Its successor in the company's catalogue is the EC 135, that was developed as the Bö 108 by MBB in the same configuration as those in the BK 117 family.*

Comes the BK 117

MBB had started to work on a larger and more modern version of its Bö 105 during the 1970s, a new concept that would be designated Bö 107. At the same time the Japanese firm Kawasaki had also initiated work on a similar project called KH-7. As both models were designed along the same specifications, they decided to join their efforts in 1975. On February 25, 1977 they proposed one single model under the common designation MBB-Kawasaki BK 117. Being cubic in shape this new ship bore many of the same external characteristics of its predecessor: two engines driving a semi-rigid rotor,

Le règne du BK 117 avec l'ADAC touche à sa fin, les 14 appareils en service depuis 1984 devant être remplacés par des H145 à partir de 2015.

The fourteen BK 117s in service with ADAC since 1984 are being replaced by newly ordered H145s.
© BundesPolizei

Ce BK 117 A-3M est l'un des rares en service militaire dans le monde. Il arbore les couleurs du 15 Sqn de la SAAF qui a récupéré les machines de ses ex-bantoustans en 1994.

This rare military BK 117 A-3M is one of nine incorporated in No 15 Sqn of the South African Air Force in 1994 when the country assimilated its Bantustans. © NJR ZA via Wikipedia

fut déterminant dans le succès de cet hélicoptère sur le marché américain.

À l'A-1 qui présentait quelques problèmes de stabilité succéda l'A-3 qui fut certifié en Allemagne le 15 mars 1985, d'une masse totale en charge de 3 200 kg et avec des pales d'anticouple plus larges pour améliorer la stabilité en lacet. Il était également équipé du système YSAS (*yaw stabilization augmentation system*, système d'augmentation de la stabilisation en lacet) qui fut dès lors monté en série. Puis le 29 juin 1986, c'est l'A-4 qui était certifié en Allemagne, une version légèrement améliorée de l'A-3 avec une tête de rotor anticouple revue.

Alors que le Bö 105 avait trouvé un intérêt chez les clients militaires, le BK 117 ne les intéressa que très modestement, malgré la présentation du MBB BK 117 A-3M au salon du Bourget en 1985. Cette variante militarisée ne rencontra pas son marché, à quelques très rares exceptions près (les seuls véritables clients militaires furent quatre bantoustans sud-africains). Le fait que Kawasaki ne pouvait participer à ce type de développement, en raison des restrictions constitutionnelles japonaises, n'y était peut-être pas étranger.

Après la série A arriva la série B, avec le BK 117 B-1, certifié en Allemagne le 10 décembre 1987, doté de deux turbines Honeywell LTS 101-750B-1 de 590 chevaux chacune destinées à compenser les lacunes du moteur précédent. La variante suivante, le B-2, voyait sa masse totale en charge passer à 3 350 kg pour les mêmes moteurs et fut certifiée le 17 janvier 1992, avec des commandes de pas cycliques redessinées pour un temps de réponse amélioré et un plafond maximum de 5 182 m.

À la fin de l'année, après le regroupement industriel qui donna naissance à Eurocopter, une nouvelle série vit le jour avec le BK 117 C-1 certifié le 2 octobre. Notons que la variante britannique du C-1 reçu la désignation C-1C. La grande nouveauté de ce modèle était le choix de deux turbines Turboméca Arriel-1E développant 708 chevaux chacune, conférant à ce modèle de meilleures performances en milieu chaud et en altitude, avec un

fuselage high on skids, cargo compartment accessible by rear-opening doors under a high boom allowing for operations while the engines were running.

On June 13, 1979 the German prototype first took to the air at Ottobrunn. This would soon be followed on August 10th by the Japanese prototype, with four prototypes being assembled before production started in both countries. The first series BK took off in Germany on March 6, 1981, to be followed on December 24th by its Japanese twin. Certification was granted in Germany on December 9, 1982 for the BK 117 A-1 powered by two 410 kW Honeywell LTS 101-650B-1 turbine engines, that would have a MTOW set at 6,283 lbs and maximum ceiling at 15,000 ft. A few weeks later Japan also certified the model now allowing it to be sold in both countries. The choice of the turbine would be a key factor in the success of this helicopter on the US market.

An upgraded A-3 model, certified in Germany on March 15, 1985 for a MTOW of 7,055 lbs, was soon introduced after the A-1 showed unstable flying characteristics. The A-3 was fitted with wider anti-torque blades and with a yaw stabilization augmentation system (YSAS) mounted in all series thereafter. Then on June 29, 1986 the A-4, a new slightly upgraded version, was certified in Germany with an improved anti-torque rotor head. While the Bö 105 did interest military operators, the BK 117 would only receive mild success with the military. In spite of the demonstration of a BK 113 A-3M at Le Bourget airshow in 1985 only a handful of South Africa Bantustan nations purchased this model, with one factor being that Japan has severe constitutional restrictions that prevents Kawasaki from marketing a military machine.

After the A-series would come the B-series, the first one being the BK 117 B-1 certified in Germany on December 10, 1987 with two 440 kW Honeywell LTS 101-750B-1 engines designed to provide higher performance than the previous series. The next model B-2 was certified with the same engines on January 17, 1992 with its maximum take-off weight now increased to 7,386 lbs. Its main feature was a newly designed cyclic pitch control offering better response time, as well as a higher operational ceiling of 17,000 ft.

plafond maximum à 5 486 mètres. Les premiers essais moteurs avaient été menés en France en avril 1990 sur le démonstrateur BK 117 (msn 7007 immatriculé F-WMBB) modifié avec la nouvelle turbine Arriel.

Vers un nouveau modèle

Car c'est en France que l'acte de naissance de l'EC 145 était en train d'être rédigé quand la Gendarmerie avait émis une requête en vue du remplacement de ses Alouette III. Comme on ne lance pas un programme pour quinze hélicoptères, l'administration française y ajouta aussi le remplacement des Alouette III de la Sécurité Civile pour un total prévisionnel de cinquante machines. La réponse d'Eurocopter avait été de proposer un BK 117C-1+, le msn 7500 immatriculé D-HECD, avec des performances améliorées en haute altitude mais les coupes budgétaires de l'époque firent reporter le contrat.

Un nouveau cahier des charges fut donc émis par la Gendarmerie, lequel rejoignait très logiquement celui de la Sécurité Civile, ce qui poussa les deux partenaires industriels à revoir leur copie pour proposer une nouvelle machine basée sur l'existant et optimisée pour les missions sanitaires et de secours. Le cahier des charges émis par la DGA, institution chargée de la commande et de la réception des machines pour le compte de l'État, comprenait les contraintes suivantes :

- Être bimoteur certifié en France
- Être certifié IFR (vol aux instruments) monopilote
- Avoir un domaine de vol de 0 à 5 000 mètres
- Pouvoir évoluer dans des températures comprises entre -40° C et +50° C
- Avoir la capacité de tenir un stationnaire à 4 700 mètres d'altitude avec vent de travers
- Disposer d'une avionique compatible jumelles de vision nocturne (JVN)
- Posséder une vaste cabine accessible pour l'embarquement des personnes secourues et du matériel spécifique (civières, robot de déminage, etc...)

At the end of the same year, in the wake of the birth of Eurocopter, a new series came out of the factory with the C-1 certified in Germany on October 2, 1992. This version would be designated C-1C in the UK. The novelty in this model were the two 528 kW Turbomeca Arriel-1E engines yielding much better performances in hot and high conditions, with a ceiling now reaching 18,000 ft. The first engine trials had taken place in France in 1990 using BK 117 demonstrator msn 707 registered F-WMBB.

A new model emerges

The "birth certificate" of the EC 145 was drafted in France when the French Gendarmerie first thought of a replacement for their Alouette IIIs. However, a sound global company cannot initiate a new program for only fifteen helicopters, so the DGA (French procurement agency) included the Sécurité Civile Alouette IIIs in the bid for fifty machines in all. Eurocopter responded byoffering a beefed-up model designated BK 117 C-1+, msn 7500 registered D-HECD, with better performances at high altitude. Regretfully, budgetary constraints closed the lid on the C-1+.

Soon a new request for proposal was drafted by the Gendarmerie that followed along requirements very close to those of the Sécurité Civile. Both industrial partners, EC and KHI, started new works to be able to field a machine based on the existing models and tailored for EMS and SAR missions. The DGA, acting on behalf of the French government, drafted a specific RFP listing the following specifications:

- *Twin-engine helicopter fully certified by local authorities*
- *Single-pilot IFR certified*
- *Operating ceiling up to 16,400 ft.*
- *Operating temperatures between -40°C and +50°C (-40 to 122° F)*
- *Capable of holding stationary flight at 15,000 ft with crosswinds*
- *Night vision goggles-compatible avionics*
- *Large internal volume for rescue works with compartment for specific mission equipment*

« Christoph 54 » revient de mission sur sa base de Fribourg. Il est équipé pour la neige avec ses plaques anti-enfoncement et un aménagement interne spécifique pour l'Evasan.

"Christoph 54" flying back to its Freiburg base after an EMS sortie. The skids are fitted with long "bear paws" for snow landings and the cabin is fully dedicated to medical support. © DRF LuftRettung

Séquence de montage du prototype msn 9001 dans les ateliers de Donauwörth. On peut y apprécier l'assemblage de la nouvelle cellule avec la poutre du BK 117 C-1.

Prototype msn 9001 being assembled in Eurocopter's hall at Donauwörth. One can appreciate the merging of the older BK 117 C-1 boom with a new roomy cabin.
© Eurocopter

NAISSANCE DU BK 117 C-2

L'arrivée des turbines Arriel-1E2 sur le C-1 avait ouvert un nouveau domaine pour le nouveau consortium européen. Répondant au cahier des charges français, cette nouvelle variante se présentait comme une machine extérieurement revue de fond en comble par rapport au C-1 aux lignes cubiques. En fait, bien que gardant la configuration classique de cette famille, à savoir fuselage sur patins avec double porte cargo à l'arrière, rotor semi-rigide à quatre pales entrainé par deux turbines, stabilisateurs en H et anticouple bipale au bout d'une poutre haute, le C-2 avait un fuselage rond et plus spacieux basé sur la cellule de l'EC 135, déjà très populaire auprès des opérateurs de secours. Plus de montants ni de cloisons intérieures et un volume unique allant du pare-brise aux portes arrières. Pour simplifier, on pourrait dire que le C-2 fut constitué de l'assemblage d'un fuselage de conception type EC 135 et d'une poutre de BK 117 C-1.

Le partage des tâches entre les industriels avait attribué la conception du rotor et de l'avionique à Eurocopter tandis que Kawasaki était chargé de la conception de la cellule et de la boite de transmission principale (BTP). L'avionique numérique du nouvel hélicoptère avait été testée sur le BK 117 A-3 msn 7045 qui avait déjà servi pour l'EC 135, ce qui fait qu'entre les deux démonstrateurs (avionique et moteurs) et l'utilisation de ce qui avait déjà été éprouvé sur les modèles précédents, le BK 117 C-2 était une machine déjà très aboutie qui réserva peu de surprises. En outre, elle répondait parfaitement aux exigences d'une clientèle orientée secours grâce à la conception de la cabine et sa certification IFR monopilote.

Les dimensions générales étaient donc plus importantes et surtout, les deux moteurs Arriel-1E2 développaient 748 chevaux chacun au décollage offrant de bien meilleures performances que les BK « carrés ». La tête de rotor en titane recevait quatre pales en composite, la capacité en carburant passait de 707,6 litres à 879,1 litres, le plafond opérationnel maximum restait à 5 486 mètres et la masse maximum au décollage atteignait 3 585 kg pour l'emport de dix passagers en cabine, en plus des deux pilotes. Ces derniers disposaient d'une nouvelle interface avec un « *glass cockpit* » MEGHAS conçu par Thalès Avionics centré sur trois afficheurs multifonctions couleurs, un ensemble hi-tech

BIRTH OF THE BK 117 C-2

Fitting Arriel-1E2 engines on the C-1 had opened an additional markets for the new European consortium. Meeting the specifications drafted by the French DGA, this new C-2 variant was externally very different from the "cubic" earlier models. Even though it shared the same basic layout with the fuselage on skids with rear clamshell-doors, semi-rigid rotor powered by two turbines, H-shaped stabilizers on a high-mounted boom assembly, the C-2 had a much roomier single-volume fuselage. No doorposts, walls, or obstacles from front to rear of the cabin. To make it simple it could almost be said the BK 117 C-2 was the direct mix of a large EC 135 fuselage connected to a BK 117 C-1 tail boom.

The industrial job was split between Eurocopter, in charge of the rotor and avionics, and Kawasaki Heavy Industry, which was responsible for the fuselage and the main transmission box (MTB). The new avionics package was tested on BK 117 A-3 msn 7045 which had already been used for the EC 135 development. Combined with the experience gained from all previous models and the engine demonstrator, the BK 117 C-2 was quite mature and presented little surprise. Its basic design coupled with single-pilot operations almost perfectly matched the requirements of most rescue operators.

Overall dimensions were larger, with the new more powerful Arriel-1E2 engines each producing 738 shp for take-off, and providing better overall performance than those of the "boxier" BK 117s. It featured four semi-rigid composite blades bolted to the titanium rotor-head, with fuel tanks that could accommodate up to 1,530 lbs. The maximum altitude remained at 18,000 feet, and the MTOW reached 7,905 lbs for the ten passengers and two pilots. The latter could benefit from a newer interface with a Thales-Avionics MEGHAS glass-cockpit featuring three LCD color displays, which was a rather hi-tech package compared with with the rugged design of the Bö 105-inspired rotor-head designed in 1967! The new helicopter was marketed under the Eurocopter designation EC 145, lin ine with the other products in their catalogue. They were first delivered to the launch customers, French Sécurité Civile (SC) and Gendarmerie aerial services, allowing them to retire the old and washed-out Alouette IIIs that had become so expensive to keep in flying status.

La relève ! Tarmac du Bourget en 2009, l'ancienne Alouette III de Paris rencontre son remplaçant qui assure la mission de « Dragon 75 ».
En bas, le prototype japonais, msn 4001, avec sa livrée et ses marques constructeur.

The old meets the new at Le Bourget Air & Space Museum in 2009. The Alouette III was being delivered for permanent display in the museum. Below, the Japanese prototype, serial 4001, performing its maiden flight in full Kawasaki colors
© Frédéric Marsaly / © Archives Michael Mau

contrastant sensiblement avec la rusticité de la tête de rotor qui n'avait finalement que peu évolué depuis celle du Bö 105 de 1967 ! Mise sur le marché avec la désignation commerciale EC 145, plus en phase avec la nouvelle structure du constructeur et pour faire suite au plus petit EC 135, la nouvelle machine fut livrée à la Sécurité Civile et à la Gendarmerie françaises qui purent commencer la réforme de leurs Alouette III monomoteurs, certes toujours vaillantes, mais vieillissantes et chères à maintenir en vol.

Développement

Après le vol du premier prototype msn 9001 le 12 juin 1999 à Donauwörth, suivi de celui du 9002 le 14 avril 2000 puis du 9003 le 27 novembre, également en Allemagne, la certification fut obtenue le 20 décembre et la production fut lancée pour servir les premières commandes. Le quatrième prototype, le msn 9004, effectua son premier vol le 9 mars 2001 et servit notamment à la qualification des pilotes français sur type avant la livraison des exemplaires de série en 2002. Cela permit de présenter officiellement le modèle au salon du Bourget en juin 2001 aux couleurs de la Sécurité Civile. Cette machine fut par la suite livrée à la police allemande de la Hesse le 30 janvier 2002. Le msn 9005 vola aussi sous les couleurs de la Sécurité Civile le temps des qualifications, puis il partit aux USA comme démonstrateur pour American Eurocopter, une fois la certification accordée par la FAA en février 2002. Au Japon, le msn 4001 vola pour la première fois le 15 mars 2000, sous la désignation BK 117 C-2 que conserva Kawasaki pour son marché, le constructeur japonais ne faisant pas partie du groupe Eurocopter. Le succès au Japon ne fut cependant pas négligeable puisque le millième BK 117 produit (depuis le démarrage de la production de la famille en mai 1982) et livré en décembre 2012 était japonais, avec cent soixante-huit machines produites localement au total.

Les premiers EC 145 sortis de la chaine allemande furent livrés à la Sécurité Civile, client de lancement du modèle avec une commande de trente-deux machines dès 1998, rapidement suivie de la gendar merie en 1999 pour une première commande de huit hélicoptères. Le premier exemplaire de série, le msn 9006, fut officiellement reçu par la Sécurité Civile en septembre 2002,

Developments

After the first flight of prototype msn 9001 on June 12, 1999 at Donauwörth, Germany, followed by those of msn 9002 on April 14, 2000 and msn 9003 on November 27th, certification was granted on December 20, 2000. Production soon followed to serve the first orders. The fourth prototype, msn 9004, took to the air on March 9, 2001 to be used to certify the French SC pilots before the actual deliveries started in 2002. This permitted Eurocopter to advertize the new model in full SC colors at Le Bourget air show in June 2001. Msn 9005 also flew with SC colors while it was used to train pilots. It was thereafter sent to the US to be used as a demonstrator for American Eurocopter once certification was granted by the FAA in February 2002. In Japan the first prototype, msn 4001, took to the air on March 15, 2000 under the designation BK 117 C-2 which was kept by KHI for their market, as the Japanese group was not part of Eurocopter. With 168 BKs of all types assembled in Japan, including the 1,000th example built, this country soon became a major market for the type.

The first EC 145s assembled at the German factory were delivered to the French Sécurité Civile, the launching customer with 32 helicopters ordered in 1998, followed by the Gendarmerie in 1999 with 8 units. The first series-built machine, msn 9006, was formally received by the SC in Paris in September 2002 fitted with large inlet barrier filters that were removed afterwards. Msns 9007 and 9010 followed a few weeks later. The Gendarmerie received their first helicopter, msn 9008, on December 10, 2002 at Air Base 107 Villacoublay, HQ

équipé de filtres antiparticules sur les entrées d'air (enlevés par la suite), suivi des msn 9007 et 9010 la même année, eux dépourvus dudit filtre. Le premier reçu par les gendarmes fut le msn 9008 réceptionné le 10 décembre 2002 sur la Base Aérienne 107 de Villacoublay, siège du Groupement des Formations Aériennes de la Gendarmerie. Les deux premières machines furent affectées à Villacoublay pour la formation des équipages tandis que les suivantes étaient livrées aux SAG et DAG de Haute Montagne, au service des pelotons de sauvetage qui avaient abondamment sollicité les Alouette III du GFAG.

Le contrat américain

C'est toutefois aux États-Unis que l'industriel européen devait décrocher son plus gros contrat pour un modèle unique, par le biais de sa filiale locale qui remporta l'appel d'offre LUH pour un futur hélicoptère utilitaire léger. Avec des forces largement équipées d'UH-1H Huey et OH-58A/C Kiowa datant de la guerre du Viêt-Nam et commençant à sérieusement accuser leur âge, le Pentagone tentait depuis les années 1980 de moderniser sa flotte de machines légères. En 1983, il avait lancé le programme LHX pour un hélicoptère l éger expérimental qui aboutit au Boeing-Sikorsky RAH-66 Comanche dont le premier vol fut effectué le 4 janvier 1996. Après la construction de trois prototypes, ce programme fut officiellement abandonné le 23 février 2004 en raison de la complexité de la machine et d'une envolée du coût du programme qui s'était trouvé multiplié par cinq.

Recadrant ses programmes d'acquisition, le Pentagone lança ensuite le programme LUH en juillet 2005, visant alors à l'achat de quelque 320 appareils légers pour des missions de soutien logistique, d'évacuation médicale, de liaison et de sécurité publique pour l'US Army. Alors que Bell présentait ses modèles 210 et 412, McDonnell Douglas son Explorer NOTAR et AgustaWestland son AW139, American Eurocopter présentait son UH-145 fraichement certifié par la FAA

of the Gendarmes' air branch. The initial two helicopters were used for crew training, while the next ones were dispatched to the mountains detachments to replace the much in demand single-engine Alouettes.

The American contract

The "land of plenty" turned out to be the US for Eurocopter. Its local subsidy managed to sign the largest-ever contract for a single foreign type when the Pentagon selected its LUH. The US forces were still largely equipped with Vietnam-era UH-1H Hueys and OH-58A/C Kiowas, and time was now taking its toll on these fleets. In 1983 the Pentagon had initiated the LHX program for a light experimental helicopter resulting in the Boeing-Sikorsky RAH-66 Comanche first taking to the air on January 4, 1996. After three prototypes this program was officially cancelled on February 23, 2004 in view of the model's complexity, and when already astronomical costs multiplied by five!

Once again starting its acquisition process in July 2005, the US Army launched the LUH Request For Proposal for some 320 light helicopters destined for support and security, air ambulance, liaison, and homeland protection. Several contestants presented their models: Bell Helicopters their 210 and 412 models; MDD its NOTAR MD 902 Explorer; AgustaWestland its AW139; and American Eurocopter its recently FAA-certified UH-145. The LUH winner was declared on June 30, 2006 when the Pentagon issued a formal order for 322 UH-145s, a figure later increased to 345 for a total of 1.810 billion dollars. Deliveries were to start the very same year and run through 2015!

Now designated UH-72A the helicopters started to be assembled at Columbus, MS from kits being manufactured in Germany. The first UH-72A "rolled-out" from the US factory was msn 9098, coded 07-02001, which

Le msn 9309 / 72099 était utilisé en 2010 par l'US Army pour l'expérimentation des systèmes du package sécurité & soutien.

Lakota msn 9309 / 72099 has been used by the US Army for the S&S MEP integration trials in 2010.
© US Army

Le 30 juin 2006, l'US Army annonça le vainqueur pour son futur LUH : l'UH-145, commandés à raison de 322 exemplaires, puis 345, moyennant un coût total d'un milliard huit cent dix millions de dollars, livraisons courant jusqu'en 2015 avec le premier appareil à livrer dès décembre 2006 !

L'UH-145 devenu UH-72A, la production fut immédiatement lancée sur le site de Columbus, dans le Mississippi, avec des kits livrés par Eurocopter Allemagne. Le premier UH-72A, le msn 9098 codé 07-02001, fut livré comme prévu le 11 décembre 2006 à l'armée américaine qui le baptisa Lakota, afin de poursuivre la tradition des noms de tribus indiennes après les Sioux, Huey, Kiowa et autre Apache. Les deux premières unités déclarées opérationnelles sur le nouveau modèle furent le détachement ambulance (USAAAD) du *National Training Center* de Fort Irwin en Californie, qui reçut son sixième et dernier hélicoptère le 20 juin 2007, et le détachement aérien du *Training and Doctrine Command* (TRADOC) de Fort Eustis en Virginie le 10 juillet suivant.

was formally handed over to the US Army as planned on December 11, 2006. The model was named Lakota to keep with the tradition of Native Indian names such as the Sioux, Iroquois, Kiowa, Creek, and Apache. The first units to achieve operational capability on this new model were the Army Air Ambulance Detachment of the National Training Center at Fort Irwin, CA, when the sixth and final aircraft arrived there on June 20, 2007; and the Air Detachment of the Training and Doctrine Command (TRADOC) at Fort Eustis, VA on July 10th.

Simultaneously the first critics emerged when the US Army complained that the inside temperature reached up to 105°F, a temperature critical for the avionics package that was liable to compromise the machine's efficiency during operations. The solution came off-the-shelf from the civilian market in the shape of additional vents on the front to cool the crew and equipment. As for air conditioning, it was only considered in the RFP issued by the Army for Air Ambulance (AA) and VIP transport aircraft. The A/C was retrofitted on the first AA machines and is visible in the shape of two large round

Le msn 9053, vu ici en 2005, fut le démonstrateur du programme LUH comme l'indique son immatriculation N145UH fort à-propos. Seule la livrée verte distingue un Lakota «nu» d'un EC 145 civil.

Msn 9053 was the LUH demonstrator in 2005, as shown by her ad-hoc registration. The Lakota only differs from a civilian EC 145 by its green livery.
© American Eurocopter

Les premières critiques arrivèrent aussi en juillet, quand l'US Army se plaignit que la température en cabine montait à plus de 40°C en milieu chaud, température critique pour l'avionique et susceptible de remettre en question certaines missions du Lakota. La solution vint du civil puisqu'il suffit d'équiper les UH-72A d'écopes et d'aérations supplémentaires sur les portes pour améliorer la ventilation de l'habitacle. Quant à l'air conditionné, il n'avait été demandé que pour les machines devant servir au transport sanitaire ou pour les VIP. L'installation de ce système, installé en retrofit sur les premières machines, est visible sous la forme de deux grosses ouvertures rondes sur l'arrière du capot moteur gauche. Le 29 août 2007, les autorités américaines validèrent l'autorisation de production locale pour le modèle EC 145/UH-72A, ce qui permit de sortir le premier appareil « made in America » sous immatriculation américaine, le msn 9125 livré avec le serial 07-02010 et immatriculé N424AE. Les neuf premiers étaient sortis de la chaine de Donauwörth avec une immatriculation allemande en D-HMBx pour assemblage final aux USA. Le 30 septembre 2008, la chaine de Columbus fut certifiée capable de produire les appareils et trois en sortaient chaque mois (la

grids in the back of the left engine cowling. On August 29, 2007 American Eurocopter was granted FAA production authority for U.S. Army UH-72A Lakota, as well as civilian EC 145 helicopters. This allowed the company to deliver the first "made in America" US-registered helicopter to the Army, msn 9125 s/n 07-02010, that was temporarily registered N424AE. The nine previous aircraft had been produced in Donauwörth, and then first flown with a German registration, before being crated and shipped to the US for final assembly. On September 30, 2008 the Columbus factory was awarded full-scale production of the EC 145 family, with by that time three being assembled each month. The target monthly production rate of five was only reached in 2009, with this still based on the structural kits shipped from Germany. On September 12, 2009 the US Navy became the second military customer with five UH-72As for its Test Pilot School at NAS Patuxent River, MD.

cadence normale de production de la chaine étasunienne ne fut atteinte qu'en 2009, avec cinq machines assemblées par mois sur la base des kits toujours envoyés d'Allemagne). Dix-huit jours plus tôt, le 12, l'US Navy était devenu le deuxième client militaire américain avec l'achat de cinq UH-72A destinés à l'école des pilotes d'essais de la Navy (US Naval Test Pilot School) de Patuxent River.

Tenant parfaitement son programme, avec les commandes budgétées au fil de la production, Eurocopter USA a livré son 100e Lakota le 4 mars 2010, le 200e le 1er mars 2012 et le 300e le 14 mai 2014. Le constructeur devait livrer le 312e et dernier UH-72A fin 2014, la dernière commande ayant été budgétée le 13 novembre 2012. En 2014, le budget déclinant de la défense américaine a été susceptible de remettre en question le nombre total de Lakota attendu par l'US Army et plusieurs pistes laissent penser que cet hélicoptère pourrait connaitre de nouvelles commandes, en étendant son champ de missions afin de standardiser le modèle dans l'armée américaine.

L'Army se restructure autour du Lakota

Remplaçant des UH-1 Huey, des OH-58A/C Kiowa et parfois des UH-60A/L Black Hawk, les Lakota furent livrés à l'US Army d'active et surtout, pour les deux-tiers (environ 210), à la Garde Nationale dans le but de remplir des missions de transport médical, de transport et liaison, de sécurité publique et de soutien logistique des divers polygones continentaux. L'une des vocations essentielles du Lakota est de combler le vide capacitaire laissé par les H-60 sur le territoire américain quand ils sont déployés sur les théâtres extérieurs. Car si l'UH-72 est déployable par voie aérienne (on peut en mettre cinq dans un C-17), il n'est pas adapté au champ de bataille faute d'armement, de systèmes d'autoprotection et de protections balistiques. Il permet donc à l'US Army et à la Garde Nationale de maintenir un niveau élevé de capacité opérationnelle pour les missions intérieures.

With aircraft delivered in time or ahead of schedule, Eurocopter USA kept up with the RFP requirements and delivered the 100th Lakota on March 4, 2010; the 200th on March 1, 2012; and the 300th on May 14, 2014. With the last batch ordered on November 13, 2012 the 312th Lakota budgeted should have been delivered by the end of 2014, as the declining US defense expenditures led to a cut in the planned orders. However, a hard lobbying campaign from the Mississippi representatives, coupled with attractive offers from Airbus Helicopters, has led many to believe the Lakota could experience a new life as the US Army needs to standardize its assets and replace their old training helicopters.

Premier UH-72A livré à l'US Army à l'atterrissage à Columbus, MS, Il s'agit du msn 9098 codé 72001.

Msn 9098 coded 72001 was the first UH-72A to be delivered to the US Army. It lands here at the American Eurocopter plant at Columbus, MS.
© American Eurocopter

Rethinking the US Army with the Lakota

Replacing vintage UH-1H Hueys and OH-58A/C Kiowas, and sometimes UH-60A/L Black Hawks, one third of Lakotas were delivered to active US Army units, and two thirds to US National Guard units. They are tasked with stateside air ambulance (AA), support and security (S&S), transport and liaison, range support and homeland security. One important purpose of the UH-72 is to fill the gap left by UH-60s when they deploy overseas. Even though the Lakota is deployable by air, as up to five can be loaded in a C-17, it is not battle-proof and is devoid of armament and ballistic protections. However, it allows the Army and National Guard to now keep a higher level of operational capability for their CONUS support missions.

Les cinq premiers Lakota sont arrivés en avril 2010 pour remplacer les vieux UH-1H du centre de préparation au combat à Hohenfel en Allemagne, notamment pour jouer le rôle d'agresseurs avec le système MILES.

Joint Multinational Readiness Center's pilots landed five new UH-72A Lakotas at Hohenfel Army Airfield in April 2010 to replace the post's aging fleet of UH-1 Hueys to take on the aggressor role with the MILES system.
© US Army

Le 72109 (msn 9326) est l'un de deux appareils configurés en Air Ambulance au service du polygone d'exercice de Yakima dans le Washington. On aperçoit distinctement les grilles rondes de l'air conditionné.

Ship 72109 (msn 9326) is one of two Air Ambulance Lakotas suporting the Yakima range in the state of Washington. The round vents of the A/C system can be see on the cowling below the exhaust.
© US Army

À ces missions de base est venu s'ajouter l'entraînement en décembre 2013. En effet, l'un des défis à relever pour l'armée américaine est le remplacement des TH-67 Creek en vue de leur retrait complet et l'Army s'est lancée dans une réorganisation complète de ses moyens. Afin de faire face à la redistribution des voilures tournantes entre l'Active et la Garde, l'Army a demandé le financement de cinquante-cinq UH-72A supplémentaires à budgeter en 2015 et encore quarante-cinq à financer au budget 2016. Le 4 septembre 2014, le nombre de Lakota nécessaire pour la formation des pilotes de l'US Army avait été revu à pas moins de 155 machines par l'Army mais la concurrence, en l'occurrence d'AgustaWestland qui proposait ses AW119 et AW139, n'entendait pas laisser le contrat passer sans un appel d'offre en bonne et due forme et lança une procédure judiciaire pour bloquer le processus. Le tribunal fédéral saisi de la plainte reçut la justification de la part de l'Army et AgustaWestland fut débouté, permettant au programme de se poursuivre.

Un Lakota armé

Le 29 novembre 2012, un nouveau programme d'acquisition a été lancé par l'US Army en vue de l'achat d'un nouvel aéronef armé de reconnaissance, Armed Aerial Scout ou AAS. Les commandants de l'Army émirent un cahier des charges, prenant en compte délais et coût potentiel d'un tel programme dans un contexte budgétaire de plus en plus tendu, et étudièrent plusieurs solutions : moderniser des appareils existant (tel l'OH-58F), développer des aéronefs sans pilotes ou choisir un engin totalement neuf. Eurocopter avait déjà travaillé sur le programme et s'était associé à Lockheed Martin le 4 mai 2009 pour proposer, dès 2010, trois prototypes de l'AAS-72X, une version armée et protégée de l'UH-72A développée sur fonds propres. Cela a notamment permis à l'industriel de présenter la version militaire pure, sous la désignation EC 645 au salon de Satory en juin 2010, rappelant au passage que l'UH-72A est intégralement basé sur la variante civile EC 145.

Démonstrateur armé AAS-72X qui va devenir EC 645 dans la nomenclature Eurocopter en 2010. L'appareil TDA-2 (msn 9003) a subi d'importantes transformations pour être militarisé.

The AAS-72X concept-helicopter TDA-2 (msn 9003) during trials over the desert. The model would ultimately become the militarized EC 645 in 2010 after receiving structural modifications.
© EADS

The need for a new training aircraft emerged in December 2013 when the Army came to realize that its TH-67 Creeks would soon need urgent replacement. This triggered a complete redistribution of the rotary-wing assets between the Active and the Guard, thus prompting the generals to request fifty-five new UH-72As to be purchased in 2015, and another forty-five in 2016. On September 4, 2014 the number of new Lakotas needed to fill the request went up to one hundred and fifty-five new helicopters, but competitors decided to not let it go so easily. Twenty days later AgustaWestland filed a complaint to block the procurement and force the Pentagon to issue a regular request for proposal for its new trainer, with the British-Italian group lobbying for its single-engine AW119K. The US Court of Federal Claims rejected the lawsuit after receiving sound justification from the US Army. The program would go forward, but no decision on appropriations had been taken as this is being written.

Armed Indian

After a Request for Information (RFI) released in 2010, a new procurement program was initiated by the US Army on November 29, 2012 calling for a new armed aerial scout helicopter (AAS). The Pentagon brass issued their new requirements taking into account time and costs with military budget requests being constantly axed year after year. There was not much choice so three options emerged: modernize an existing airframe resulting in the OH-58F; develop an unmanned vehicle; or start from scratch with a new aircraft. As Eurocopter had already worked on the RFI, and had been teaming up with Lockheed Martin since May 4, 2009, three armed Technical Demonstrator Aircraft (TDA) AAS-72Xs were developed and manufactured on the company's own money. This was the first true military variant of the EC 145, now to be designated the EC 645. This was then exhibited at the Satory military fair in June 2010, keeping in mind that the UH-72A is nothing but an off-the-shelf civilian EC 145 fitted with military Mission Equipment Packages.

The first demonstrator TDA1, registered N940AE, was simply a standard UH-72A fitted with Rockwell Collins avionics, an electro-optical/infrared sensor turret under the nose, ballistic protections on the cabin floor, and two multi-purpose pylons for carrying a full range of guided and unguided weapons including Hellfire missiles and/or rocket or gun pods. It first took to the air at Columbus on December 7, 2010 for a forty-minute flight, but again no order has been recorded by early 2015. However, the AAS-72X became X+ in the wake of Germany's Eurocopter efforts to produce its newest model, the EC 145 T2.

Le premier démonstrateur, TDA1 immatriculé N940AE, était ni plus ni moins qu'un UH-72A « pris sur l'étagère » et doté d'une avionique Rockwell Collins, d'une nacelle optronique sous le nez, de protections balistiques sur le plancher de la cabine et de deux pylônes en arrière des portes coulissantes pour l'emport de missiles Hellfire, de paniers roquettes ou de nacelles canon. Il s'envola pour la première fois de Columbus, le 7 décembre 2010 pour un vol de 40 minutes. Aucune commande n'a encore été enregistrée à l'écriture de ces lignes mais l'AAS-72X est entretemps devenu X+ dans la lignée des travaux de la maison-mère sur le T2 et le programme suit son cours.

Présentation du TDA1, démonstrateur de l'AAS-72X (msn 9377) qui fut le premier vrai EC 645 puisque configuré pour l'emport d'armes avec modifications structurelles et protections ballistiques.

TDA1 (msn 9377) was the AAS-72X demonstrator. It is the first real EC 645 since it had structural modifications to carry weapons and accomodate protections.
© American Eurocopter

EC 145 T2, dernière version

Car si l'UH-72A poursuivait sa carrière aux USA, les ingénieurs de Donauwörth continuaient à travailler à la modernisation de l'EC 145, notamment en termes de confort de volet de performances. L'une des motivations de l'industriel est bien sûr de rester concurrentiel, et de devancer les attentes d'un marché qui reste dynamique malgré la crise mondiale qui frappe aussi le transport. Le pari a été gagné avec l'EC 145 T2 qui effectua son premier vol le 25 juin 2010 et qui alignait plus de cent vingt commandes fermes avant la première livraison le 31 juillet 2014 (à l'opérateur allemand de secours DRF Luftrettung avec le msn 20004). Le modèle a été rebaptisé H145 en mars 2015 dans le cadre du nouveau système de désignations d'Airbus.

Le changement le plus visible fut le remplacement de l'anticouple classique par un Fenestron d'un mètre quinze de diamètre, doté de dix pales asymétriques réduisant bruit et vibrations, qui transforme radicalement la silhouette de la machine devenue un gros EC 135 particulièrement silencieux et confortable. Les stabilisateurs ont aussi perdu leurs surfaces verticales en bout de plans pour la production en série. Parmi les autres changements majeurs, le T2 introduit la turbine Turbomeca Arriel-2E, plus puissante de 20% que l'Arriel-1E2 avec 907 chevaux, et un FADEC (Full Authority Digital Engine Control ou gestion électronique automatisée des moteurs). Ce système est une aide considérable au pilotage puisqu'il optimise le rendement des turbines et

EC 145 T2, the Fenestron variant

As the UH-72A was living its American life, engineers at Donauwörth kept modernizing the EC 145 especially in terms of creature comfort and performances. The main motivation is to stay at the top and foresee the market's needs, while battling against the ongoing economic crisis affecting the transport industry. The EC 145 T2 was surely a winner when it made its maiden flight on June 25, 2010 with over a hundred and twenty firm orders before the first production ship, msn 20004, was delivered on July 31, 2014 to its launch customer, Germany's DRF Luftrettung. This model was renamed H145 in March 2015 under the new Airbus branding system.

The most obvious feature of the T2 is the 10-asymetric-blade Fenestron replacing the classical anti-torque rotor at the tip of the boom, designed to reduce noise level and vibrations. With this change the helicopter has become a roomier and quieter EC 135. The tail tabilizers have lost their vertical surfaces in this series, production but one major improvement came with the double-channel FADEC-controlled Arriel-2E turbines, each producing 894 shp (667 kW) for take-off. The FADEC provides great support to the pilots as it is designed to optimize the engines fuel management, now allowing the crew to focus on the flying of the machine. More than a safety feature it also allows better performance in hot-and-high conditions, which was one of the main limitations of the EC 145.

la consommation en carburant tout en déchargeant le pilote de cette partie. En sus d'un gage de sécurité supplémentaire, le FADEC gère la nouvelle turbine avec une efficacité accrue, notamment en milieu chaud, ce qui était une faiblesse de l'EC 145. Côté interface de pilotage, outre le FADEC, le cockpit présente une console entièrement numérique avec trois afficheurs multifonction couleurs autour d'une suite avionique Helionix, un concept numérique intégré qui a été développé par Eurocopter pour l'EC 175 et qui comprend un pilote automatique quatre-axes.

Le développement et la mise au point de cette version ont été plus longs que prévu car le programme Helionix d'Eurocopter, devenu Airbus Helicopter au 1er janvier 2014, a connu quelques déboires pendant son intégration avec l'EC 175, qui était prioritaire dans l'agenda du constructeur. Toutefois, le 16 avril 2014, le modèle BK 117 D-2, désignation constructeur de l'EC 145 T2, a été certifié par l'agence de sécurité aéronautique européenne, ce qui a ouvert la voie à sa commercialisation. Plus silencieux, plus confortable et plus économique, l'EC 145 T2 se taille donc une place de choix dans la catégorie des hélicoptères de moins de quatre tonnes sur les marchés civils et militaires.

Son dernier avatar est la version EC 645 T2 (désormais H145M), qui a été présentée en tant qu'ASS-72X+ aux USA, et qui serait proposée sous la désignation militaire UH-72B pour l'US Army, ce qui nous ramène au chapitre correspondant plus haut. L'EC 645 T2 en tant que tel a effectué son premier vol le 27 novembre 2014 à Donauwörth (msn 20016), ce qui devrait permettre la livraison au client de lancement courant 2015, à savoir le Kommando Spezialkräfte, ou commandement des forces spéciales allemandes, qui en a commandé quinze le 12 juillet 2013. Il a été certifié par l'EASA le 15 mai 2015.

Ce modèle se distingue de la version civile par des équipements radio au standard OTAN et des équipements de mission modulables selon une personnalisation incrémentale, c'est-à-dire basée sur la complémentarité des systèmes qui s'ajoutent les uns aux autres pour fournir un ensemble intégré. Cela inclut une boule optronique frontale, des pylônes d'emports d'armes, une suite de protection et d'autodéfense ou encore une avionique compatible JVN. Le démonstrateur intégrait en plus des échappements redessinés qui diluent la chaleur pour réduire la signature thermique en envoyant les jets vers les pales du rotor principal.

The control panels present a full digital interface with three multifunction LCD color displays, along with an avionics suite comprising a 4-axes autopilot called Helionix that was developed for the newer and larger EC 175. The development of the T2 took longer than planned because priority was given to integrating Helionix in the EC 175, and trouble inevitably showed up during the progress of this operation. Nevertheless, on April 16, 2014 Airbus Helicopter's new EC 145 T2, designated BK 117 D-2 in the maker's manuals, received its certification from the European Aviation Safety Agency opening the market to this model. Quieter and more comfortable with lower operating cost than its elder sibling, the T2 is starting to take the lion's share in the less-than-four-ton range of civilian and military helicopters.

Its latest development was designated EC 645 T2 (now H145M), presented to the US Army as AAS-72X+, but to be marketed under the UH-72B designation. This model first flew on November 27, 2014 at Donauwörth as msn 20016, and deliveries should start by the end of 2015 to the launch customer Kommando Spezialkräfte, the Special Forces of the German Army who ordered fifteen on July 12, 2013. The main difference with the civilian variant is the NATO communication suite, and the modular mission equipment that can be incrementally installed to the customer's requirements. This concept means that systems are added to each other to form a fully integrated package comprising turreted electro-optical sensors, weapon pylons, ECM self-protection systems, and NVG-compatible avionics. The demonstrator also featured exhausts that send fumes upward in the main rotor wash to reduce the engines' IR signature. This model is presented by AH to be the perfect candidate for "6K/95 high & hot" operations, meaning it is capable of flying at 6,000 feet of altitude in a 95°F environment. It has been certified on May 15th 2015 by the EASA.

Factory production

The BK 117 C-2/EC 145 is now assembled in four factories. The two historic plants are AH Deutschland's at Donauwörth, where T2s are also made, and Kawasaki's at Gifu in Japan. Then the Columbus plant was opened in 2006 to build the UH-72As for US and export markets, and in 2010 a new plant was inaugurated in Astana, Kazakhstan to build 45 units for the local market.

Ci dessus, démonstrateur de l'EC 175 qui embarque une partie des systèmes devant être incorporés dans le H145. Cette génération d'hélicoptères est plus confortable autant pour les passagers que l'équipage.

Above, EC 175 demonstrator fitted with new systems thereafter incorporated in the H145. This generation of helicopters is much more confortable both for passengers and crews.
© Samuel Prétat

Le modèle est présenté par Airbus Helicopter comme étant le parfait candidat pour opérer en « 6K/95 high & hot », c'est-à-dire parfaitement fonctionnel à 6 000 pieds (2 000 m) d'altitude par 95°F (35°C) de température ambiante.

La production des usines

Le BK 117 C-2/EC 145 est assemblé dans quatre usines. Les deux usines historiques pour la construction sont le site d'Airbus Helicopter Deutchland à Donauwörth en Allemagne, qui assemble aussi les T2, et l'usine Kawasaki de Gifu au Japon. Est venue s'y ajouter l'usine de Columbus, dans le Mississippi, en 2006 pour la production des UH-72 Lakota (US et export) et celle d'Astana au Kazakhstan, chargée de l'assemblage de quarante-cinq hélicoptères pour le marché local.

Les échappements du démonstrateur H145M sont spécialement conçus pour diluer la chaleur des moteurs dans le flux des rotors, permettant de réduire la signature infrarouge pour les opérations militaires en secteur hostile.

The H145M demonstrator has specially designed exhausts canted upward to dilute the hot fumes in the rotor wash. This helps reduce the IR signature in hostile areas.
© Samuel Prétat

À fin 2014, l'usine de Columbus avait produit près de trois cent cinquante UH-72A, Kawasaki avait sorti une trentaine de BK 117 C-2 et le site de Donauwörth environ trois cents. Ce dernier avait également assemblé une trentaine de T2 dont une demi-douzaine avait été livrée à la fin de l'année. Afin de s'y retrouver dans les différentes productions, entre les sites et les versions, les msn sont affectés par séries comme suit :

BK 117 A : 7001 à 7139
BK 117 B : 7140 à 7253
BK 117 C-1 : 7500 à 7555
BK 117 A à C-1 japonais : à partir de 1001
BK 117 C-2 allemands (EC 145 et UH-72A) : à partir de 9001
BK 117 C-2 japonais : à partir de 4001
EC 145/645 T2 (H145) : à partir de 20001

By the end of 2014 about 350 UH-72As had been assembled in Columbus, about 30 BK 117 C-2s had been produced at Gifu and over 300 EC 145s at Donauwörth. About 30 EC 145 T2s had also been produced in the German factory, with half a dozen delivered to their customers. To clarify the numbering system used by Eurocopter/AH and KHI, here are the serial batches:

BK 117 A: 7001 to 7139
BK 117 B: from 7140 to 7253
BK 117 C-1: from 7500 to 7555
BK 117 A to C-1 (Japan): from 1001
BK 117 C-2 (German EC 145s and UH-72As): from 9001
BK 117 C-2 (Japan): from 4001
EC 145/645 T2: from 20001

Le démonstrateur H145M (ex EC 145 T2) exhibe ses nombreuses options en vue d'un usage militaire avec une avionique et des systèmes particulièrement élaborés.

THe H145M (formerly EC 145 T2) demonstrator displays the many options that can be fitted to this highly militarized variant, with advanced avionics and systems.
© Airbus Helicopters

Jusqu'au msn 9195, les vols de réception se faisaient en Allemagne puis les machines étaient démontées, mises en caisses pour transport jusqu'à Columbus et réassemblées pour livraison aux clients. Pour les suivants, seules les cellules étaient équipées avec les circuits électriques en Allemagne pour assemblage complet aux USA, les éléments mécaniques étant toujours fabriqués en Allemagne et au Japon.

Pour conclure

BK 117, EC 145, EC 645, UH-145, UH-72, C1, C2, T2, D2, toutes ces désignations ou variantes qui semblent complexes sont en fait assez simples à suivre, selon la façon d'aborder le sujet. Si on parle technique ou manuel constructeur, on utilisera la terminologie constructeur qui sert aux certifications par les instances officielles. C'est pour cela que nombre d'utilisateurs de la machines, qui sont formés sur la documentation technique, continuent d'appeler l'EC 145 le « BK ».

Si l'on parle marketing ou marque, l'hélicoptériste a opté pour une nouvelle terminologie quand il a créé la marque Eurocopter. C'est là qu'apparaissent les EC dont la codification correspond à la gamme et à l'utilisation. Ainsi, l'EC 145 est un modèle Eurocopter civil (1) dans la gamme des moins de quatre tonnes (4) multimoteurs (5, remplacé par 0 pour les monomoteurs). Le 645 est sa version militaire (6). Voici donc pour résumer la terminologie des modèles de notre ouvrage :

BK 117 A-1, A-3, A-4, B-1, B-2 et C-1 : Versions « originales » du BK 117
BK 117 C-2 : EC 145
BK 117 D-2 : EC 145 T2
UH-145 : EC 145 présenté par Eurocopter pour le programme LUH
UH-72A : EC 145 produit pour le programme LUH (également parfois LUH-72A)
EC 645 : EC 145 militarisé
EC 645 T2 : EC 145 T2 militarisé
EC 145e : Version utilitaire allégée pour le travail aérien
H145 : désignation de l'EC 145 T2 à partir du 1er mars 2015
H145M : désignation de l'EC 645 T2 à partir du 1er mars 2015
AAS-72X : EC 145 militarisé pour le programme AAS
AAS-72X+ : EC 145 T2 militarisé pour le programme AAS
UH-72B : désignation possible de l'EC 145 T2 pour le programme AAS
EC 146 : désignation déposée par Eurocopter le 17 novembre 2008 et destinée à l'EC 145 T2 alors en développement.
KH-145 : EC 145 préparé à Donauwörth et assemblé par ECKE pour le Kazakhstan
VK-117 S2 : EC 145 assemblé à Donauwörth et livré par Airbus Helicopter Vostok pour le marché russe

Up until msn 9195, UH-72A control maiden flights were performed in Germany under a German registration. The helicopters were then dismantled, crated, and shipped to the US for assembly and delivery to the customer. From msn 9196 onwards, only structural airframes with cabling were assembled in Germany before being shipped to Columbus for assembly and delivery. Engines and mechanical parts are still being manufactured in Germany and Japan.

To conclude

BK 117, EC 145, EC 645, UH-145, UH-72, C-1, C-2, T2, and D2. So many designations for just one type of aircraft! It seems complex but it is actually easy to understand. If you refer to the technical manual or builder's language, you will refer to the terminology used by the certification bodies. Hence, the colloquial name "BK" used by many people who were educated with the Eurocopter/Airbus documentation. If you talk marketing or brand, it would be best to use the Eurocopter code for the type and range of the machine. For example EC 145 means Eurocopter-made (EC); civilian helicopter (1); in the less-than-four-ton category (4); and multi-engine (5). The military range starts with a 6, thus giving us the EC 645.

To summarize the EC 145 family, listed below are the models presented in this book:

BK 117 A-1, A-3, A-4, B-1, B-2 and C-1: legacy BK 117 versions
BK 117 C-2: EC 145
BK 117 D-2: EC 145 T2
UH-145: EC 145 proposed for the LUH program
UH-72A: "off-the-shelf" military EC 145 for the LUH program (also designated LUH-72A)
EC 645: militarized EC 145
EC 645 T2: militarized EC 145 T2
EC 145e : Light utility variant optimized for aerial works
H145: New EC 145 T2 designation from March 2015
H145M: New EC 645 T2 designation from March 2015
AAS-72X: militarized EC 145 for the AAS program
AAS-72X+: militarized EC 145 T2 for the AAS program
UH-72B: prospective US designation for the AAS program EC 145 T2
EC 146: Eurocopter patent for a new helicopter registered on 17 November 2008 and probably destined for the EC 145 T2 then undergoing development. Never used.
KH-145: EC 145 pre-built at Donauwörth and assembled by ECKE in Kazakhstan
VK-117 S2: EC 145 built at Donauwörth and delivred by Airbus Helicopter Vostok for the Russian market

Ce H145 est le premier livré aux USA, réceptionné par le Dare County en Caroline du Nord. Il est passé par Metro pour recevoir ses équipements de transport médical d'urgence

This H145 is the very first delivered in the USA. It has been commissionned by the Dare County MedFlight, NC, for HEMS missions, after being fitted by Metro Aviation prior to its delivery.
© Airbus Helicopters

CONFIGURATIONS & MISSIONS

CONFIGURATIONS & MISSIONS

Sécurité publique et maintien de l'ordre

Cette configuration suppose généralement un équipage de marche composé d'un pilote, d'un copilote, mécanicien de bord qui sert aussi de navigateur et d'opérateur projecteur ou porte-voix, et d'un ou deux opérateurs de systèmes de missions tels un FLIR, une caméra, un treuil ou un système de transmission de données.

La cabine peut recevoir divers équipements spécifiques aux missions de police et de sécurité publique, tels des consoles avec moniteurs et divers relais radio et communications tactiques. Les équipements extérieurs peuvent consister en une boule optronique de type L3 Wescam MX-15 avec caméra infrarouge, caméra enregistreuses et caméra de poursuite haute définition pour le suivi de fugitif ou la reconnaissance de plaque d'immatriculation, un projecteur Nitesun SX5 ou SX16, un haut-parleur, une sirène ou des supports d'armes légère (SAA) pour le soutien des forces de police au sol tel qu'expérimenté par la Gendarmerie française. La console pour les divers systèmes de poursuite ou d'enregistrement est alors installée en cabine sur supports amovibles, avec un ou deux opérateurs selon les besoins ou les matériels utilisés.

L'hélicoptère peut également intervenir pour le transport d'agents sur les lieux d'accident ou les scènes de crimes, le transport pour les interventions d'unités tactiques (GIGN, SWAT...), le transport des unités canines ou le transfert d'officier de police judiciaire sur les enquêtes criminelles. Dans le cas de soutien aux unités tactiques, un système de rail pour descentes en rappel multiples peut être installé à la place du treuil pour permettre la descente simultanée de plusieurs agents.

À noter qu'en France, la Sécurité Civile dépendant du ministère de l'intérieur, les « Dragon » peuvent être utilisés pour des missions de sécurité publique avec projecteur et/ou boule optronique pour le soutien des forces de police au sol. Ce fut le cas lors des émeutes de 2005 dans les banlieues françaises, les Dragon 75 et 69 intervenant lors des événements nocturnes pour suivre les émeutiers dans les quartiers sensibles sans risquer de véhicules et de personnels au sol.

Autre particularité, certaines machines peuvent être dotées d'équipements externes permettant aux agents de se positionner sur l'extérieur de

Public safety and law enforcement

This configuration usually requires one pilot assisted by a co-pilot acting as navigator, flight engineer, and systems operator responsible for the search light, public address and other related equipment. One or two mission specialists in charge of the special equipment package such as the FLIR, cameras, hoist, and datalink system may also be included.

The cabin can accommodate a wide range of hardware designed for police work and internal security missions such as video and communication consoles. Among the most popular hardware is the electro optical L3 Wescam MX-15 sensor with IR and/or HD video recording cameras, the SX5 or SX15 Nitesun search light, public address speakers, a siren, and light weapons mounts for authorized use of force (AUF). This has just been tested by the French Gendarmerie in Guyana. Everything in the aircraft is modular making it easy to be remove if needed.

The helicopter can also be used to haul officers to a car crash or crime scene, to transport police special forces such as SWAT, GIGN, K-9 teams, or judicial officers for criminal cases. When used in support of special forces, a rappelling rail can be installed on the hoist brackets so raiding officers can be inserted quickly.

In France, the Sécurité Civile *is attached to the Ministry of Interior so that the "Dragons", which is their radio call sign, can be used for law enforcement missions, using an electro-optronic turret and search light in support of police forces on the ground. This happened in 2005: during the suburban unrests, Dragon 75 and 69 were used during the nocturnal uprisings to avoid risking ground vehicles and personnel in highly sensitive areas.*

Some police machines are fitted with specific external features to allow officers to stand outside of the cabin on longer entrance bars, that are also fitted with additional hold handles. They can prepare to exit the ship in a flash before the helicopter touches the ground, thus reducing their exposure in hot landing zones.

About fifty EC 145s are used for pure police works worldwide, representing some 7% of the whole fleet. This total does not include the US army Lakotas that can be used for homeland security missions.

l'appareil lors d'interventions «musclées». Ils disposent de barres marchepied fixées sur les patins et de poignées additionnelles pour sauter au sol sans que l'hélicoptère ne se pose, réduisant le temps d'exposition sur des zones « chaudes ».

Une cinquantaine d'EC 145 servent pour ce type de mission à travers le monde soit environ 7% de la flotte produite, sans compter les Lakota qui peuvent être configurés pour ce type de mission.

© Texas Military Forces

Secours et sauvetage

Le secours aérien et le sauvetage sont les principales missions de la Sécurité Civile française, de la Rega suisse ou encore de la DRF Luftrettung allemande. L'EC 145 se prête très bien à ces missions puisque sa raison d'être était notamment de remplacer le BK 117,

© Virginia National Guard

© Xavier Capy

moins volumineux sur ce créneau. Il est donc équipé d'une cabine spacieuse de 6 m³ avec de larges portes coulissantes pour permettre d'opérer un treuil et d'insérer une civière en cabine. L'habitacle cubique et sans montants de la cabine permet en outre d'adapter divers équipements en laissant de la place pour évoluer autour avec trois accès cabine. Autant de qualités pour rendre cette machine très populaire auprès de ses opérateurs de secours en conditions parfois extrêmes.

Pour remplir ces missions, outre une bonne autonomie pour une machine de cette taille (plus de trois heures avec réserve de trente minutes), l'EC 145 a une capacité d'emport de 1 800 kg qui est rarement atteinte, laissant une marge confortable qui peut se traduire par du temps de vol supplémentaire et de la distance franchissable. Il sert par exemple sur plusieurs bases littorales de la SC, avec treuil, projecteur, kit de flottabilité et matériel de premier secours ce qui permet de porter secours en mer en assistance de la SNSM sur la bande littorale proche. À noter qu'en montagne, les « Dragon » ont le treuil à gauche alors qu'il est à droite pour la mer. L'idée est de permettre au pilote d'avoir une meilleure visibilité par rapport aux obstacles selon le contexte (voir chapitre 7). Aux USA, les Lakota ont été mis à contribution pour l'aide aux populations suite aux catastrophes naturelles, y compris en 2010 lors du tremblement de terre à Haïti. Le treuil est toujours installé à droite sur les Lakota qui opèrent avec un pilote et un HELCO (MBO), selon les standards en vigueur dans l'US Army.

SAR and CasEvac

Search and Rescue and Casualty Evacuation are the main duties of France's Sécurité Civile, *Switzerland's* Rega, *or Germany's* DRF Luftrettung. *The EC 145 is perfectly tailored for these missions as it was designed to replace the less roomy but popular BK 117. It has a 213 cu ft single-volume cabin that features large lateral and aft doors, permitting the operation of a hoist while in flight to insert a stretcher. It can also be fitted with several life monitoring or resuscitation equipment to allow medics to attend victims, making this helicopter very popular with operators in extreme conditions.*

To carry out these missions, the EC 145 can accommodate a payload of up to 4,000 lbs, with an endurance exceeding three hours 30 *that converts into an increased margin for additional flying time or better range. In France, some of the* Sécurité Civile *helicopters are stationed on shore bases and fitted with a hoist on the right-hand side, a searchlight when needed,*

© Gerald Olivier

the mandatory flotation gear, and a first aid package to assist the National Lifeboat service launches active in their operational area. For mountain rescue the hoist is located on the left-hand side so that the pilot can always keep in sight potential obstacles (see chapter 7). French crews are composed of a pilot and a flight engineer (MBO) during normal operations.

With the US Army, Lakotas are often used to assist civil authorities in natural disasters such as in Colorado during the 2013 floods, and even in Haiti after the dramatic 2010 earthquake. The hoist is always fitted on the right-hand side on Lakotas, and crews are composed of a pilot assisted by a HELCO (helicopter co-ordinator).

8% des EC 145/BK 117 C-2 servent à ce type de mission, soit plus d'une soixantaine de machines à travers le monde, hors production militaire pour les USA.

Transport médical et sanitaire

En version EMS, l'EC 145 est configuré pour le transport d'une ou deux civières pouvant être chargées soit par les portes latérales coulissantes, soit par les portes à l'arrière du fuselage, sous la poutre, moteurs tournant si nécessaire. L'équipage se compose alors d'un pilote, d'un opérateur de bord qui prépare la machine et d'un ou deux secouristes (un médecin et/ou un secouriste/infirmière) selon le nombre de civières embarquées. Selon les utilisateurs, des bancs de monitoring et d'aide aux soins peuvent être installés de façon pérenne ou provisoire sur racks amovibles. Dans le cas d'installations fixes, une seule civière pourra être chargée et installée et deux médecins/infirmiers seront embarqués pour les soins du patient. À noter que la puissance moteur et électrique de l'EC 145 permet l'utilisation en vol d'appareils de premier secours tel un défibrillateur cardiaque, ce que d'autres machines ne permettent pas.

Il faut distinguer les diverses missions médicales pouvant être attribuées aux hélicoptères puisqu'il peut s'agir d'évacuation sanitaire pure, de transport de victimes (accident de la route, évacuation en montagne ou zone isolée...), de transport médicalisé entre établissements de soins (en lieu et place d'ambulance si la distance ou l'urgence le demande) ou de transport en urgence de personnels soignant sur les lieux d'un accident ou d'une catastrophe (La France a fait le choix de s'équiper d'Agusta 109 pour pallier les déserts médicaux mais cette machine reste très limitée dans ses missions sanitaires au regard de son volume en cabine et de sa puissance moteur).

Selon la configuration demandée par l'utilisateur, le siège gauche peut être tourné vers l'arrière pour permettre l'accès au(x) patient(s), la soute équipée d'un revêtement en acier inoxydable avec rebord hauts (permettant un nettoyage aisé) et de divers équipements de mission modulables pouvant être installés sur des supports mobiles, grâce à des fixations et des rails Douglas couvrant le sol, et le plafond de la cabine.

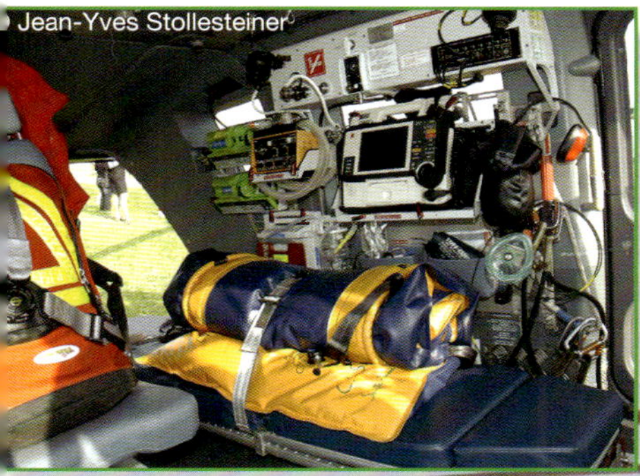
© Jean-Yves Stollesteiner

Overall, 8% of the EC 145/BK 117 C-2 are used in this role representing some sixty helicopters worldwide, excluding those used by the US military.

EMS and Air Ambulance

The EC 145 can accommodate one or two gurneys loaded through the rear-sliding lateral doors, or the rear clamshell doors with engines running. The crew of one pilot and one flight engineer is assisted by one or two medics, a surgeon and/or a flight nurse, depending on the number of litters on board. Some operators have the medical support equipment permanently installed, while some others prefer to have them on removable racks. Only one stretcher, and up to two medical attendants, are usually embarked when the medical equipment is permanent. One interesting quality of the EC 145 is its electric power that allows the medics to use a defibrillator while in flight, something other HEMS assets cannot provide.

This role covers several kinds of medical missions that range from a simple medical evacuation of a car crash scene, to the transfer of severe pathology patients that require vital monitoring systems in lieu of slower or less flexible ground vehicles. It can also be used to haul a heavily equipped medical team to the site of an important accident; to evacuate stranded victims from mountains or inaccessible areas; or to urgently transfer premature infants in an incubator to a better suited institution. When lives are at stake air ambulances are vital resources in many countries.

Depending on the layout required, the left-hand seat can be turned backward to provide a larger entrance that allows medics to attend their patients. The floor revetment is made of stainless steel with high edges to make easier to wash, while various modular equipment can be installed on removable racks, or clipped to Douglas rails on the ceiling and walls.

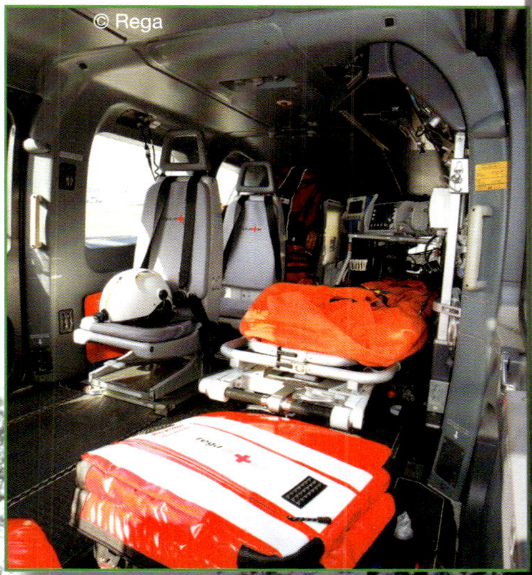
© Rega

© Rega

© US Army

Dans l'US Army, les Lakota pour les transports ou les évacuations sanitaires sont configurés en Air Ambulance (AA), avec une ou deux civières, deux infirmiers et du matériel médical. Ces hélicoptères disposent de l'air conditionné.

Près de cent cinquante EC 145 et BK117 C-2 ont été livrés pour ces missions, en plus des UH-72A configurés pour les versions Air Ambulance.

Support & Security (S&S)

Un kit spécial est spécialement prévu pour cet éventail de missions affecté à une centaine de Lakota dans le cadre de la sécurité des installations militaires ou pour le « *homeland security* » pour le compte des autorités fédérales. Outre un treuil optionnel monté à droite, l'UH-72 emporte une boule optronique L3 Wescam MX-15i avec FLIR, pointeur laser et caméra vidéo numérique équipée d'un enregistreur Skyquest VRDV-4010, un projecteur Luminator LS16 de 30 millions de bougies, deux écrans avionique tactiles additionnels Skyquest dans le cockpit, une console avec écranstactile et track ball en cabine, une suite de communication étendue avec radio ARC-231 pour les liaisons avec les forces civiles et militaires et un système de retransmission en temps réel Sierra Nevada Tactilink Eagle avec une antenne installée sur le patin gauche. Ces machines servent à tout type de missions militaires et paramilitaires, de la lutte contre le trafic de drogue à la patrouille frontalière en passant par le secours ou la coordination anti-incendies.

Cette configuration concerne quelque cent sept Lakota qui présentent un standard proche de celui des missions civiles de police.

VIP

L'hélicoptère reste un moyen de transport primé par les « grands » de ce monde et l'EC 145 est proposé en diverses configurations selon les désidératas du client. Deux configurations VIP spécifiques ont été développées avec Mercedes Benz (9 appareils) et avec Stylence (4) offrants des aménagements luxueux avec fauteuils en cuir, rangements modulables, systèmes de communication dernier cri et boiseries. La société monégasque Monacair utilise un EC 145 Mercedes Benz Style, le msn 9432 qui a servi de démonstrateur à cette configuration.

The US Army and National Guard Air Ambulance LUHs are used for medical missions and casualty evacuations in non-combat areas, these being equipped with one or two stretchers and crewed by up to two medics. They are also fitted with air conditioning.

About one hundred and fifty of these helicopters have been delivered, excluding the air ambulance Lakotas.

Support & Security (S&S)

A special Mission Equipment Package (MEP) has been installed in a hundred Lakotas for local base and security roles to assist federal authorities. This MEP includes an L3 Wescam MX-15i turret with FLIR, laser pointer, and digital camera with recorder. It also has a 30-million-candlepower SX16 Nitesun searchlight; tactile screens on each side of the front instrument panel; an internal operator's console; a communication suite compatible with civilian frequencies; and a real time datalink installed on the left-hand side entrance step. These helicopters are used for all kinds of light military and police work such as counter drug, border patrol, rescue, and bush firefighting coordination.

© South Carolina National Guard

One hundred and seven Lakotas are to receive this MEP very similar to many police variants.

VIP transport

The world elite like their helicopters, and the EC 145 can be ordered in many customized versions. However, Eurocopter/Airbus has developed two specific VIP versions, one in concert with Mercedes Benz, and another with Stylence. Both come with luxury features such as leather seats, wooden modular compartments, and a digital communications suite.

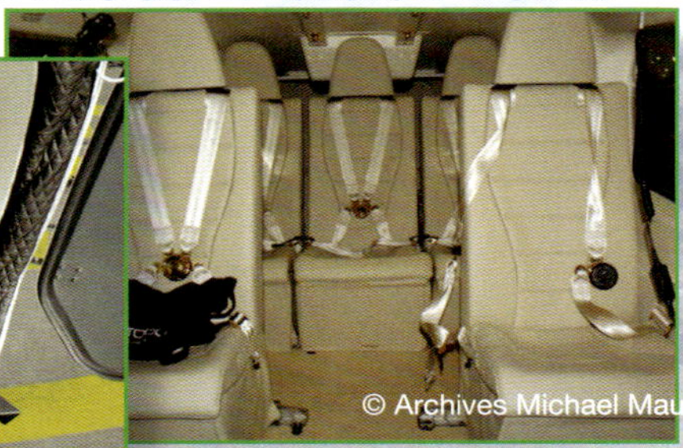

© Archives Michael Mau

© Daimler AG

© Eurocopter - Eric Raz

© Monacair

© Ministerio de Comunicacion de Bolivia

Certaines forces aériennes utilisent leurs EC 145 pour le transport d'autorités et de personnalités importantes mais cela ne se traduit pas nécessairement par des aménagements luxueux. Au minimum, ces appareils disposent de sièges plus confortables et de suites de communications spécifiques pour pouvoir joindre les autorités nécessaires. Les UH-72A de l'US Army sont équipés de huit sièges-passager, trois dos à la marche derrière les pilotes, deux face à la marche avec un espace au milieu permettant de circuler vers les trois du fond, face à la marche également. Ils sont également équipés d'un système d'air conditionné.

Une cinquantaine d'EC 145 a été vendu sur les marchés militaires et civils dans des configurations de transport plus ou moins élaborées. Quatorze Lakota ont été configurés en transport VIP à fin 2014.

Transport tactique

Pour les utilisateurs militaires et paramilitaires, telles l'US Army ou la Gendarmerie, l'hélicoptère peut être gréé en simple transport avec soit une dizaine de sièges toilés en cabine le long du fuselage de chaque côté, soit un simple plancher métallique, avec débarquement des troupes par les portes latérales et arrières. La puissance combinée des deux moteurs Arriel-1E2 n'offre cependant pas beaucoup de réserve pour le transport de dix soldats tout équipés, l'emploi dans ce type de mission reste donc limité à du convoyage sur courtes distances ou interventions rapides dans le cadre de la protection d'installations sensibles.

Transport public ou privé

Il peut exister autant de configurations que de clients pour les variantes privées, selon les besoins exprimés. Outre un équipage souvent composé de deux pilotes, un standard fréquent en transport public, la cabine peut donc recevoir jusqu'à dix sièges, avec ou sans tablette selon le type de transport. Pour les vols off-shore, la configuration requiert l'installation du kit de flottabilité.

Quelques opérateurs civils tels Pegaso, Era ou CHC proposent des services de transport dans leur éventail de prestations, une quarantaine d'hélicoptères étant spécifiquement affectés à ce type d'activité.

Entraînement

Le premier utilisateur militaire pour ce type de mission fut l'US Navy qui en a reçu cinq pour former les pilotes d'essais sur voilures tournantes. Ces hélicoptères sont équipés de pales repliables, d'enregistreurs de vol, d'un TCAS et de portes éjectables. L'US Army a décidé le remplacement de ses Bell TH-67 Creek par des Lakota pour la formation de base de ses pilotes d'hélicoptères à Fort Rucker, les huit premiers étant en service à fin mars 2015.

© NAVAIR

Some air forces also use their helicopters to "haul brass" and important personalities, but they do not always require luxury customization. At worse, these machines come with better seating and non-standard communication packages for secure message traffic. Lakotas are fitted with an eight-seat layout; three facing aft behind the crew; two facing front on each side; and another three in the back facing front. Most have received an A/C system.

About fifty VIP EC 145s have been sold around the world in many different configurations to meet customer requirements and 14 Lakotas are VIP-configured as of late 2014.

Tactical Transport

Military and paramilitary operators such as the US Army, the Kazakh Army, or the French Gendarmerie, can use their helicopters for tactical transport duties fitted with up to ten web seats along the fuselage walls. With no seats at all troops are easily able to disembark through the lateral and rear doors. However, the limited power yielded by the two engines leave little margin when carrying ten fully-geared troops, so this configuration is seldom used on long range missions being more adapted to local base protection and short haul flights.

Public transportation and private operators

There can be as many configurations as private operators. The crew is generally composed of two pilots as per standard civilian regulations in most countries, with up to ten passengers on hard seats and internal arrangements permitting. For off-shore flights these helicopters are also fitted with the mandatory flotation kit installed on long skids.

Some operators, like Pegaso in Mexico or CHC and ERA wordwide, include passenger transport in a wide commercial services arena. About forty EC 145s are involved in these missions around the world.

Training

The first military training operator was the US Navy when they ordered five UH-72As to train military test pilots at NAS Patuxent River. These machines have a folding rotor, flight data recorders, TCAS collision warning system, and jettisonable cockpit doors. Additionally, as of late 2014, the US Army had chosen the UH-72 to replace its old TH-67 Creeks based at Fort Rucker for rotary-wing crew training. A total of 187 initial-entry training helicopters is needed and eight were already delivered by the end of March 2015.

© Airbus Helicopters USA

L'US Army a estimé son besoin à cent quatre-vingt-sept machines spécialement configurées pour cette missison.

Soutien aux polygones de tests et d'entrainement

Une autre mission typique pour les Lakota qui comprend plusieurs volets. Cinq hélicoptères ont été affectés au Ronald Reagan *Ballistic Missile Defense Test Site* sur l'atoll de Kwajalein dans le Pacifique. Ils sont équipés de kits de flottaison pour le survol maritime, de portes éjectables et de radeaux de survie en cabine. En Allemagne, c'est le polygone *Joint Multinational Readiness Center* de Hohenfels qui assure des missions de soutien aux diverses opérations du range, notamment le rôle d'agresseurs avec des machines arborant des livrées hors norme. Elles servent principalement au transport de troupes et à la logistique du polygone. Dans le rôle « agresseur », les Lakota sont équipés du système MILES de combat simulé, de haut-parleurs et emportent deux radios tactiques ARC-231 dont les antennes noires sont visibles sous la poutre arrière et sur la cabine.

Cela concerne une trentaine d'UH-72A dans la flotte active de l'US Army.

Patrouille et surveillance

Quelques opérateurs ont choisi l'EC 145 pour la surveillance littorale et la patrouille frontalière. Les appareils sont donc configurables à souhait, de la cabine vide avec juste deux pilotes à l'installation d'équipement de surveillances avec console et opérateurs en cabine. Ils sont en outre dotés d'un treuil, d'un kit de flottabilité et d'un projecteur. Le Lakota, en configuration « sécurité intérieure », emporte ce type d'équipements pour les missions de surveillances de la frontière mexicaine que confient les autorités fédérales à la garde nationale pour soutenir la police des frontières.Quelques EC 145 servent à ce type de mission en Australie notamment avec True North Helicopters.

Lutte anti-incendie

L'EC 145 n'est pas un bombardier d'eau idéal mais, à l'instar de nombreux hélicoptères de sa catégorie, il peut emporter un « bambi bucket » de 500 à 1 000 litres sous l'élingue dont la capacité maximum est de 1,5 tonne. Certains opérateurs l'utilisent ainsi en mission secondaire, telle la garde frontalière lituanienne, la police munichoise, l'US Army ou les polices brésiliennes. Au Japon, le Kawasaki Fire Department a équipé un BK 117 C-2 avec un réservoir ventral rigide, un système d'aspiration avec un tuyau flexible et un jeu de rétroviseurs permettant de voir sous la machine pendant les opérations de pompage.

Test and training range support

Another typical mission for US Army Lakotas is to provide support to several ranges. Five UH-72s were sent to the Ronald Reagan Ballistic Missile Defense Test Site on the atoll of Kwajalein in the Pacific Ocean, all fitted with flotation kits for maritime flight, jettisonable doors, survival raft and rescue beacons. In Germany, an additional ten are flying with the Joint Multinational Readiness Center at Hohenfels as aggressors using special camouflage schemes, to transport troops, or to provide any kind of logistic support to range activities. Some have also been recently sent to the Redstone arsenal. In the Aggressor role, Lakota are fitted with the MILES combat simulator system, loudspeakers and two ARC-231 tactical radios with blade antennas under the rear boom and on the right-hand side cabin top.

About thirty Lakotas are used in this role in the active US Army forces.

© Wiesbaden 112 - Michael Ehresmann

Patrol and surveillance

A few companies and governmental bodies are using the EC 145 for maritime and border patrol. The helicopters can be fitted with any kind of mission package in the vast cabin, with the layout and crew being directly related to the mission at hand. A hoist, search light, flotation gear, EO turret with IR cameras, and a number of other devices can be added. Several Army National Guard units were sent in support of the US Border Patrol along the Mexican border with the S&S MEP (see above), a package widely used for Homeland Security duties. In Australia, True North also operates EC 145s in this role.

Fire Fighting

Not the best fire bomber on the market, the EC 145 can be used with a "bambi bucket" carried with the belly sling that is capable of lifting up to 3,307 lbs. This option is used by the Lithuanian border guard, the Munich police, the US Army and some Brazilian police forces. In Japan, the Kawasaki Fire Department is using a BK 117 C-2 fitted with a rigid belly tank and a pumping hose, with additional mirrors to allow the pilot to monitor pumping and flushing operations under the aircraft.

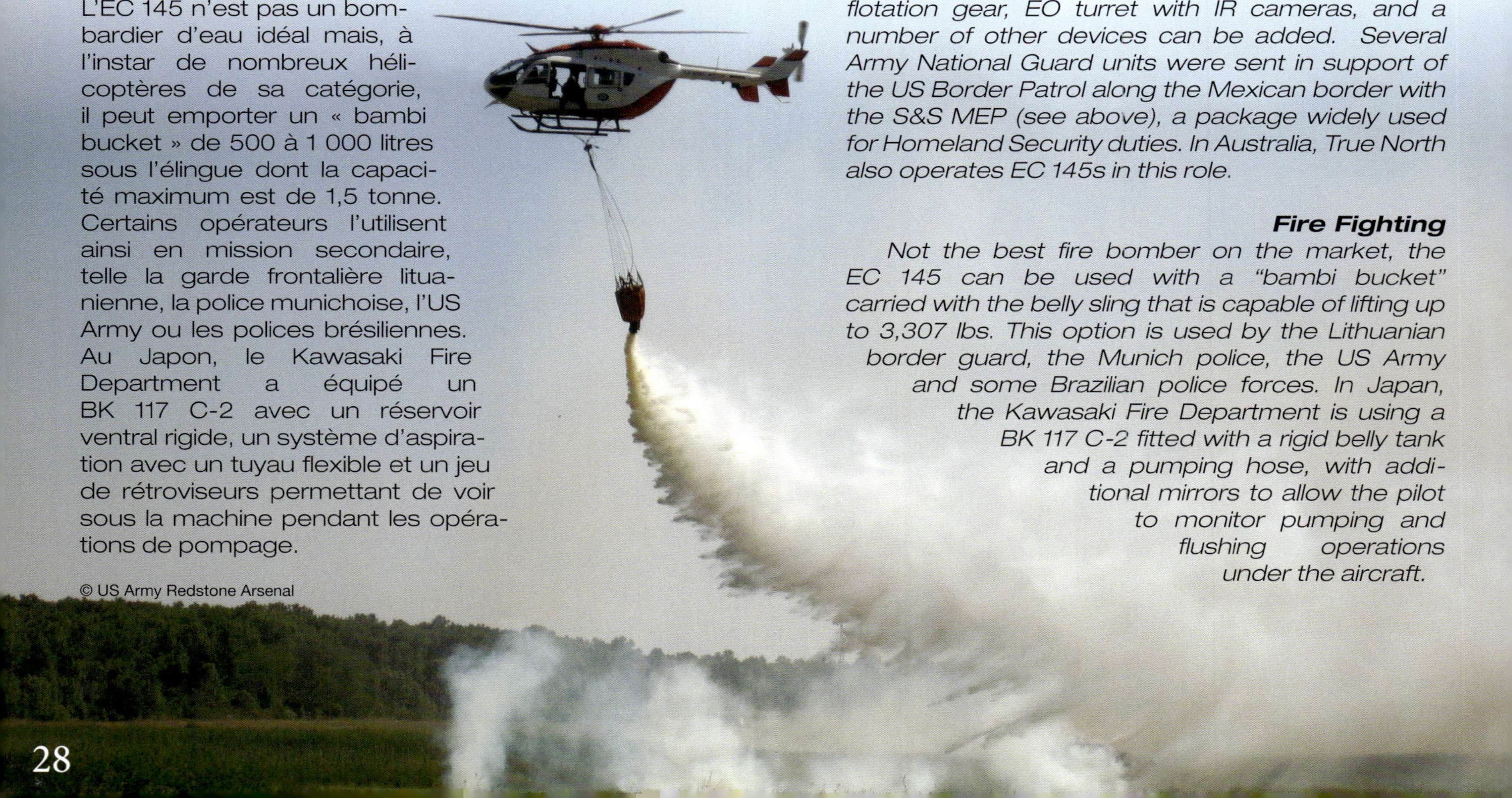

© US Army Redstone Arsenal

Depuis 2014, la Garde Nationale de Californie utilise ses UH-72A S&S pour la coordination des moyens aériens sur les feux de forêt, mission appelée Air Attack en pleine coopération avec les moyens civils. Ces hélicoptères reçoivent des marquages haute visibilité roses ou violets avec les derniers chiffres de leur numéro de série (Air Attack 32 pour le 72232).

Cette mission optionnelle dépend essentiellement des besoins locaux et de la qualification des équipages.

More recently, during the 2014 fire season, the California National Guard has started to use its S&S Lakotas in the fire-fighting coordination role acting as "air attack" with the civilian assets. They receive bright purple markings and large ID codes using the last digits of the serial number for easy identification.

Active fire-fighting (as opposed to air attack) is more related to crew training than machine configuration, as all EC 145s can be fitted with a sling hook.

Maritime and port pilot support

The large internal volume can accommodate up to ten passengers, making the twin-engine EC 145 a good candidate to haul harbor pilots to an offshore vessel. The pilots can be landed on the vessel if they have an helipad, or they can be hoisted onto the bridge. Not many operators have selected the EC 145 for this role, however the Australian HNZ is operating at least one.

© California National Guard

© Eurocopter - Jérôme Deulin

Pilote maritime et portuaire

Avec sa cabine pouvant accueillir jusqu'à dix passagers et ses deux moteurs, l'EC 145 est une machine bien adaptée au transport des pilotes portuaires entre le port et les navires au large. La dépose du pilote peut se faire soit en poser sur une aire dédiée, si le navire en possède une, soit avec le treuil sur le pont ou un aileron de passerelle. L'opérateur australien HNZ dispose d'EC 145 pour ce type de mission.

Media

Many Japanese media like to use helicopters for live broadcast, and while the AS 365 Dauphin is a very popular aircraft for this kind of mission, some BK 117 C-2s are now used thanks to their good internal capacity. Fukuoka Broadcasting and Nishi Nippon Air Lines have also made this choice, now sending their live broadcasting BKs where the news stories require them to be.

© DR

Média

Les médias japonais sont très friands de relais aéroportés pour des programmes télévisés en direct et si le Dauphin reste un hélicoptère populaire pour ce type de mission, l'EC 145 commence à trouver sa place grâce à son important volume en cabine. C'est le cas de Fukuoka Broadcasting ou encore Nishi Nippon Air Lines qui dépêchent leurs machines où l'actualité le demande, avec toute une suite de télétransmission en temps réel à bord.

Travail aérien

À l'instar de tout hélicoptère de cette catégorie, l'EC 145 peut être utilisé pour un large éventail de travaux aériens, notamment avec son élingue d'une capacité totale de 1 500 kg et une grande cabine accessible par deux portes latérales coulissantes et deux portes cargo arrière. Une variante spécialement allégée de 146 kg a été certifiée par l'EASA en avril 2015, l'EC 145e, pour les missions utilitaires. Il a une avionique simplifiée autour de deux écrans Garmin G500H et l'autopilote a été enlevé.

Aerial works

Like any helicopter in this category, the EC 145 can perform many works, from lifting loads with its 3,307 lbs. sling to accommodating medium-size cargo through its large lateral and rear clamshell doors for operations offshore or in inaccessible areas. A lighter utility variant, the EC 145e, has been certified by the EASA in April 2015. The autopilot has been removed and a dual-screen Garmin G500H avionics suite replaces most gauges.

EC 145 msn 9224, Children's Mercy Critical Care Rotor Wing Transport, Kansas City, KS

© Christopher Ebdon

© Christopher Ebdon

EC 145 msn 9073, Travis County Emergency Services. STAR Flight, Austin, TX

© Guillaume Normand

EC 145 msn 9058, Sécurité Civile, Cayenne, Guyane

© Rega

UTILISATEURS EMS & CIVILS

EMS & CIVILIAN OPERATORS

Nous ne présentons ici qu'une sélection des très nombreux utilisateurs sanitaires ou de secours, nous arrêtant sur les plus représentatifs au regard de l'utilisation de l'EC145. Il ne s'agit assurément pas d'une étude exhaustive. Ces missions représentent de loin le plus grand nombre d'opérateurs à travers le monde, à défaut du plus grand nombre de machines.

This section is only presenting a selection of the most significant EMS and civilian operators, it is far from being exhaustive and is only aimed at showing the capabilities and equipment of the EC 145 in these missions. These are by far the most numerous users around the world.

ADAC : Automobile club d'Allemagne (Allgemeiner Deutscher Automobil-Club e.V.)

L'automobile club allemand, ou ADAC, est une fédération privée allemande créée en 1903 dont la vocation est l'assistance aux automobilistes sur le réseau routier national. Elle dispose à cette fin d'une flotte de véhicules d'assistance, de dépannage et de secours au nombre desquels une cinquantaine d'aéronefs. Le service aérien de sauvetage routier a été inauguré en 1970, avec un Bö 105 livré à l'ADAC Munich, et en 1973 un service d'aéronefs de transport sanitaire est venu compléter la flotte. Elle dispose aujourd'hui de trente-deux bases nationales, ce qui lui permet d'intervenir en tout point du pays en un quart d'heure maximum.

© Wiesbaden 112 - Jürgen Mahnke

Le premier de deux EC 145 a été livré à l'ADAC le 5 juin 2003 pour équiper la station de Mayence, le second appareil arrivant quelques semaines plus tard. Jusqu'en 2015, la flotte était principalement composée de BK 117 et d'EC 135 mais elle aura été en partie remplacée par quatorze EC 145 T2 dont le premier a été livré le 10 septembre 2014, les livraisons devant courir jusqu'à 2017.

ADAC: German automobile club (Allgemeiner Deutscher Automobil-Club e.V.)

Created in 1903, the German automobile club is a private foundation aimed at assisting the German car drivers all over the country roads. It has a wide range of motorway rescue and assistance vehicles including about fifty helicopters. This air rescue service opened in 1970 with a first Bö 105 delivered to ADAC Munich, completed in 1973 with fixed-wing ambulance aircraft. Nowadays, the fleet is spread around thirty-two bases across the country, putting any location within 15 minutes of flight.

© Wiesbaden 112 - Dennis Altenhofen

© DRF Luftrettung

The first EC 145 was delivered to ADAC on June 5, 2003 at Mainz and the second ship followed a few weeks later. Until 2015, the whole fleet was mainly composed of BK 117s and EC 135s but it is due to be replaced by fourteen EC 145 T2s with deliveries running from September 10, 2014 until 2017.

Appareils/*aircraft* :

EC 145 : 9029 D-HLRG, 9027 D-HWVS.

EC 145 T2 : 20008 D-HEMS, 20018 D-HYAC, 20027 D-HDOM...

Corpo de Bombeiros Militar de Minas Gerais

Le corps des pompiers militaires de l'État brésilien du Minas Gerais a acheté un unique EC 145 à Helibras pour les missions d'évacuation et de transport sanitaire. Le contrat, d'une valeur de 35 millions de Réals (environ 11,5 M€) fut passé en prévision du Mondial de football 2014 afin de fournir une capacité de transport médicalisée avancée aux autorités locales dans le cadre du réseau d'urgences de l'État (*Redes de Urgência e Emergência do Estado de Minas Gerais*) centralisé par les pompiers et le SAMU (*Serviço de Atendimento Móvel de Urgência*).

L'équipage et la maintenance relèvent des pompiers du *Batalhão de Operações Aéreas* (BOA) qui a été créé en 2006 avec deux AS 350 B3 Esquilo pour améliorer la capacité de secours et d'aide aux victimes.

Ces hélicoptères peuvent être équipés d'un treuil, d'un FLIR et d'un « Bambi Bucket » de 500 à 1 000 litres pour combattre les incendies. L'EC 145 peut en outre emporter deux civières chargées par les portes arrière avec deux infirmiers du SAMU.

Reçu le 25 mai 2014, l'EC 145 est basé à la 1ª *base de operações* à Belo Horizonte.

Appareil/*aircraft* :
EC 145 : 9650 PR-UEA.

Corpo de Bombeiros Militar de Minas Gerais

The Brazilian military fire brigade of the state of Minas Gerais has purchased a single EC 145 from Helibras for EMS and Medevac flights. The BRL 35-million contract was signed for the 2014 upcoming football world cup to provide the local authorities with modern medical transport for the SAMU (emergency service). This helicopter was delivered to the 1st Operations Base at Belo Horizonte on May 25, 2014.

*The helicopter is crewed and maintained by the fire brigade air operation department (*Batalhão de Operações Aéreas*) created in 2006 with a pair of AS 350 B3 Esquilos to provide rescue and assistance to populations. All aircraft can be fitted with a hoist and a FLIR turret and carry a slung "bambi bucket" to fight fires. Additionally, the EC 145 can accommodate up to two stretchers with SAMU attendants.*

© Alexander Lutz

DRF Luftrettung

La DRF (pour *Deutsche Rettungsflugwacht Förderverein e.V.* ou amicale allemande de sauvetage aérien) a lancé son service de secours aérien le 19 mars 1973 avec une Alouette III. Le service s'est considérablement développé depuis lors, avec aujourd'hui quelque cinquante hélicoptères répartis sur vingt-huit bases allemandes, ce qui les met au maximum à 15 minutes de tout point du territoire fédéral grâce à ce maillage dense, et deux autrichiennes (pour la filiale ARF). La DRF est une fondation à but non lucratif financée par des parrainages et du sponsoring privés, notamment grâces à environ 500 000 donateurs qui soutiennent cette organisation.

Les hélicoptères rouges et blancs sont en alerte 24h/24-7j/7 à deux minutes sur huit hélibases principales. Avec une centaine d'interventions quotidiennes, la DRF est très sollicitée d'où le nombre important de voilures tournantes qu'elle met en service. Le premier de sept EC 145 lui a été livré le 30 aout 2003 pour la base de Munich, « Christoph Munchën », et en 2008, la DRF est devenue le premier opérateur de secours allemand à utiliser des jumelles de vision nocturne pour les interventions de nuit, répondant ainsi à une demande pressante des autorités sanitaires. En 2014, la DRF a effectué 37 811 vols EMS dont 23% pour des transferts inter-hospitaliers.

Le 31 juillet 2014, la DRF est devenue le client de lancement de l'EC 145 T2 en réceptionnant msn 20004, premier de vingt-cinq appareils commandé par la fondation pour remplacer les BK 117 vieillissants.

DRF Luftrettung

The Deutsche Rettungsflugwacht Förderverein e.V. *started its aerial rescue service on March 19th, 1973 with an Alouette III. It has considerably developed since that day, with now over fifty helicopters in force distributed in twenty-eight bases in Germany, putting them 15-minute away from any situation across the country, and two in Austria (operated by ARF). This non-profit foundation is financed by some 500,000 private donators and nationwide sponsoring.*

The red-and-white German helicopters are placed on 2-minute alert 24/7 on eight main bases across the country. With an average of a hundred missions each day, DRF is a much needed organization in the federal rescue network. In 2014, DRF has flown 37,811 EMS sorties, 23% of them being for inter-hospital flights.

The first of seven EC 145s was delivered on August 30, 2003 at the Munich base, "Christoph Munchën", and in 2008, DRF became the first German rescue operator to use night vision goggles for night flying, responding to a longtime request from the rescues services. It became the launching customer of the EC 145 T2 model on July 31, 2014, with msn 20004 being delivered to start replacing the older BK 117s. Twenty-five T2s have been ordered to harmonize the fleet and the first ship arrived at the Munich base, one of the most active in the country. Deliveries will proceed until 2022, the first five being delivered in 2014 and 2015.

© DRF Luftrettung

L'appareil a été livré à la station de Munich, l'une des plus actives du pays. Les livraisons s'effectueront en deux temps puisque les cinq premiers doivent être livrés entre 2014 et 2015, les autres s'étalant ensuite jusqu'en 2022.

Appareils/*aircraft* :
EC 145 : 9038 D-HDRR - 9460 D-HDSB - 9055 D-HDPP - 9587 D-HDSC - 9454 D-HDDN - 9293 D-HDRZ - 9063 D-HDER
EC 145 T2 : 20004 D-HDSD - 20010 D-HDSF - 20013 D-HDSG - 20032 D-HDSH

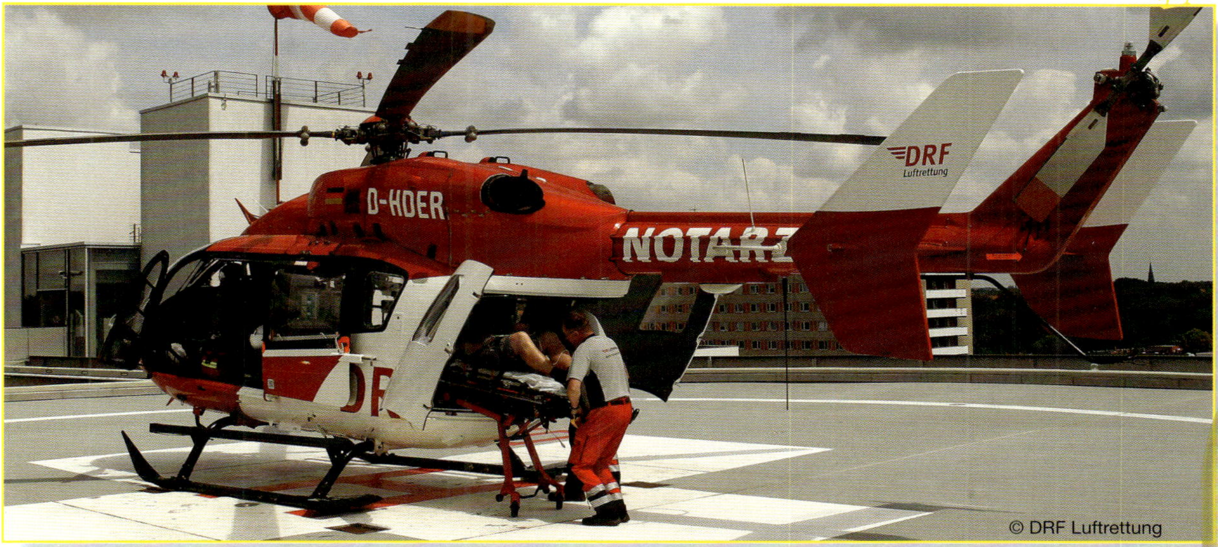

© DRF Luftrettung

Doctor-Heli

Dr Heli est un système EMS aéromedical qui a été mis en place au Japon à partir de 2001 pour l'intervention en urgence de médecins et le transport médicalisé par voie aérienne. Inauguré par la préfecture de Yokohama, Doctor-Heli consiste en 2014 en quarante-six hélicoptères desservant les hôpitaux de neuf préfectures. Trois sociétés ont passé contrat avec les autorités locales pour la fourniture de machines avec les équipages au service de quarante-deux centres hospitaliers, proposant ainsi une large flotte d'hélicoptères dont quatorze BK 117 C-2 produits localement.

Le système est activé par l'appel au 119 qui dépêche une équipe d'urgence et qui évalue la procédure nécessaire à la prise en charge du patient. Si l'intervention d'un hélicoptère s'impose, le patient est pris en charge avec une équipe médicale qui le transporte vers l'établissement le plus proche depuis un site d'atterrissage provisoire. Les secouristes embarqués disposent de tout équipement médical permettant la stabilisation ou la réanimation de la victime, qualité intrinsèque du BK 117 C-2 qui dispose de la puissance électrique nécessaire pour ces matériels.

Ces hélicoptères sont en service avec trois opérateurs privés dans les préfectures suivantes :
Aero Asahi Corporation (AAC) : Tokyo, Yao, Osaka
Central Helicopter Service (CHS) : Nagoya
NishiNippon Airlines : Fukuoka

Doctor-Heli

The Dr Heli network was initiated in Japan in 2001 to dispatch doctors or medical teams by air to accident or disaster scenes. Inaugurated by the Yokohama prefecture, Dr Heli has forty-six helicopters in 2014 based in nine prefectures under contract with the local authorities. Three companies won the tenders to provide crewed helicopters to forty-two hospitals, including fourteen locally-produced BK 117 C-2s in the fleet.

The system is activated by calling 119 where the dispatcher asses the patient medical needs. If a helicopter is required, it is sent to the scene where a temporary landing site is secured and the victim is "medevaced" to the nearest hospital. The flying medics have everything they need for emergency and critical care, like stabilization and resuscitation systems, thanks to the electrical power available in the BK 117 C-2.

The three private operators under prefectures contracts are:
Aero Asahi Corporation (AAC): Tokyo, Yao, Osaka
Central Helicopter Service (CHS): Nagoya
NishiNippon Airlines: Fukuoka

© Miyabi

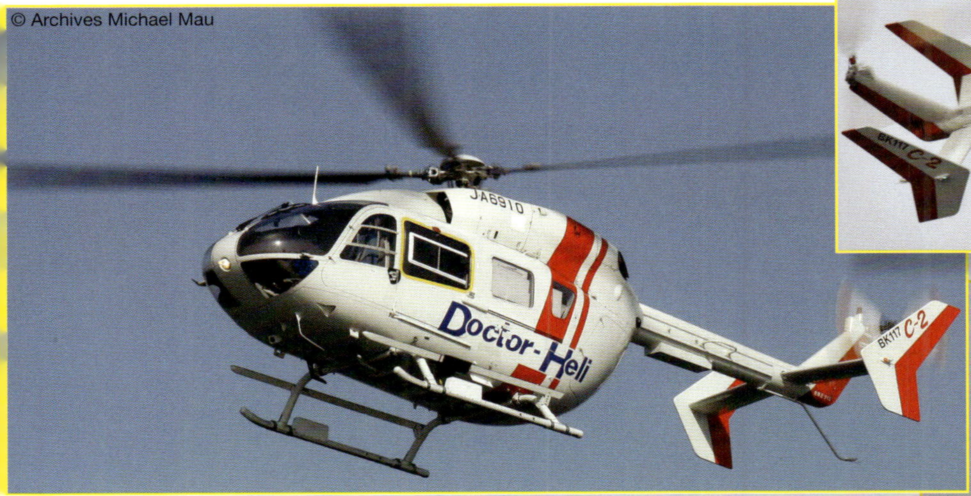

© Archives Michael Mau

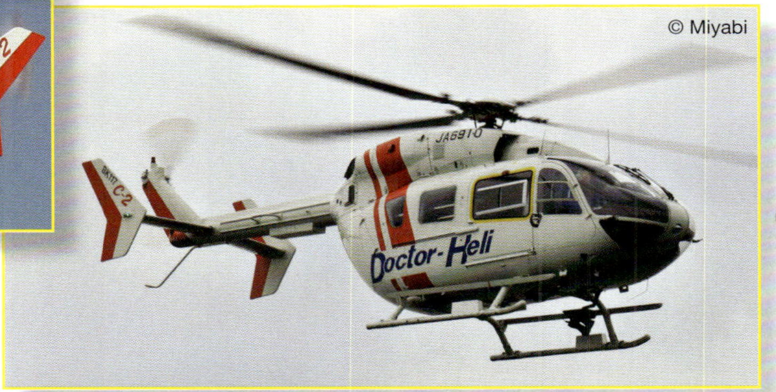

© Miyabi

Appareils/*aircraft* :
BK 117 C-2 : 4001 JA01BK, 4007 JA117R, 4002 JA6910, 4005 JA6916, 4006 JA6917, 4015 JA6924, 4018 JA6925, 4020 JA6926, 4003 JA117K, 4015 JA6923.

Flight For Life, Milwaukee Regional Medical Center

Deux EC 145 ont été réceptionnés par le *Flight For Life* de Milwaukee les 3 juin et 29 août 2009. Commandés en janvier 2007 auprès d'Eurocopter USA, les deux hélicoptères ont été livrés initialement à Helicopter Specialties Inc. de Janesville dans le Wisconsin qui leur a installé leurs équipements de mission.

Basé à Waukesha, le programme *Flight for Life* a fêté ses trois décennies d'opérations et son 33 000e patient en janvier 2014. Il est certifié CAMTS et Part 135 de la FAA pour toutes les missions EMS.

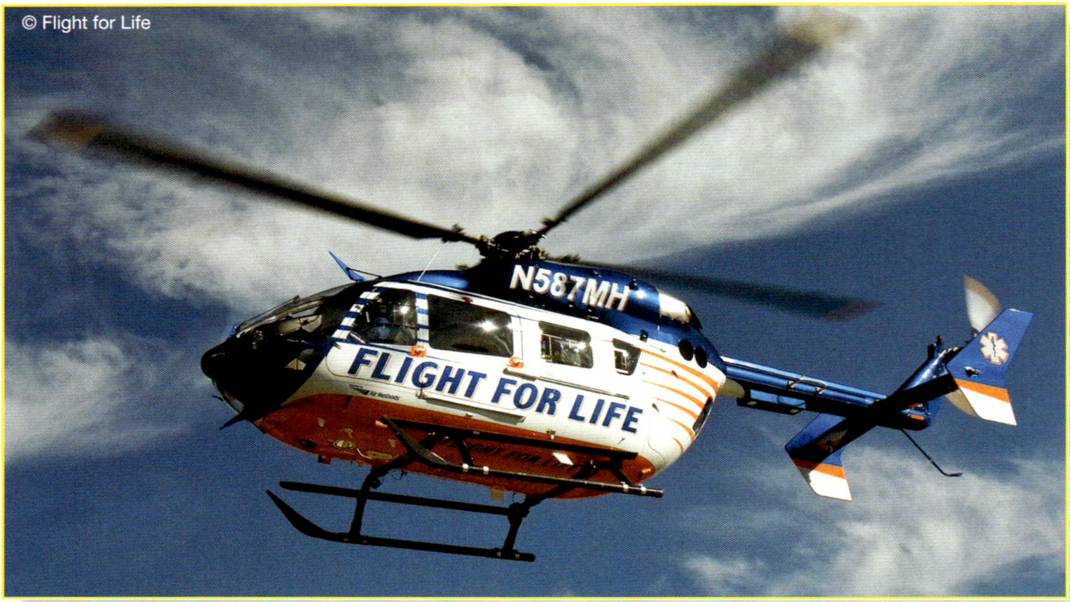

© Flight for Life

Appareils/aircraft :
EC 145 : 9171 N184WK, 9174 N587MH.

Flight For Life, Milwaukee Regional Medical Center

Two EC 145s were received by Milwaukee's Flight For Life on June 3 and August 29, 2009. They had been ordered to Eurocopter USA in January 2007 and were sent to Helicopter Specialties Inc. in Janesville, WI, to receive their mission equipments before entering EMS service.

Flight For Life is based at Waukesha and celebrated three decades of statewide operations in January 2014 simultaneously with its 33,000th patient transported. This program is also accredited by the CAMTS and flies under the FAA part 135 rules.

© DR

INAER

Cette société de service aéronautique espagnole a décroché en 2011 un contrat pour l'externalisation de la maintenance des EC 145 de l'État français, en partenariat avec la société française DCI. Ce contrat baptisé MCO 145 vise à assurer l'entretien des EC 145 de la Sécurité Civile et de la Gendarmerie pour une durée de cinq ans. Cela comprend notamment la maintenance en condition opérationnelle (MCO) avec les visites périodiques au delà des 600 heures et la gestion logistique et la fourniture des pièces détachées.

Par ailleurs, INAER est sous contrat avec les gouvernements espagnol et italien pour la fourniture de moyens de secours publics, principalement du transport sanitaire et de l'évacuation médicale. Depuis 2009, deux EC 145 servent en Espagne et une quinzaine en Italie, tous avec des équipages qualifiés pour le vol de nuit sous JVN.

Le 6 mars 2011, la société s'est portée acquéreur de dix EC 145 T2 pour commencer à remplacer son parc de machines les plus vieillissantes pour les vols EMS. Les premières sont en cours livraison en Italie à début 2015.

inaer
fly the future

INAER

This Spanish aerial service venture was granted a five-year contract from the French government for the EC 145 maintenance nationwide from May 2011 onwards, in partnership with the French company DCI. Called "MCO 145", this contract aims at maintaining Sécurité Civile *and* Gendarmerie *EC 145s after the 600-hour periodical inspections, including spare parts supply and installation.*

Additionally, INAER is under government contract with Spain and Italy to provide HEMS and rescue assets in both countries. Since 2009, two EC 145s have been in EMS service in Spain and over a dozen in Italy, all operated by IFR- and NVG-certified crews.

On March 6, 2011, this venture also ordered ten EC 145 T2s (now H145) to start the replacement of the older helicopters tasked with HEMS flights, the first being delivered in Italy in 2015.

© Alexander Lutz

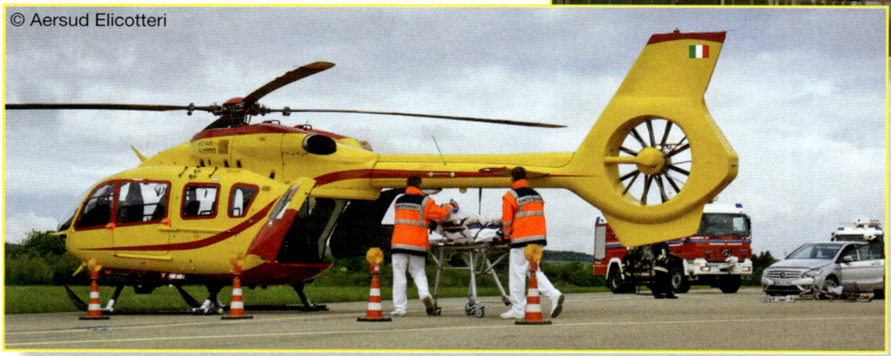
© Aersud Elicotteri

Appareils/aircraft :
EC 145 : 9082 I-EITF, 9152 EC-KVH, 9187 I-FNTS, 9189 I-NAVY, 9205 I-CABO, 9229 I-STLV, 9271 I-JUNO, 9300 EC-LKN, 9335 I-RAHB, 9438 I-BLGN, 9673 I-LEDI, 9679 I-BBCK.
EC 145 T2 : 20003 I-PEBX, 20006, 20009 I-PEBZ, 20011 I-TORQ....

© Dmitry Sergeyev

Appareils/*aircraft* :
EC 145 : 9266 / 42, 9306 / 43

Ministère Ukrainien des situations d'Urgence

Chargé d'un large éventail de missions d'urgence au service des populations, le Ministère des Situations d'Urgence et des Affaires de Protection de la Population des Conséquences de la Catastrophe de Tchernobyl a passé commande de deux EC 145 en octobre 2008. Basé à Nizhyn, les deux aéronefs sont affectés à l'escadrille spéciale du Service Opérationnel de Sauvetage de la Sécurité Publique pour mener des missions de secours et d'assistances. Livrés en 2009, ils sont équipés d'un treuil et peuvent embarquer des civières pour les vols sanitaires ou les évacuations de victimes.

Memorial Hermann Hospital System LifeFlight

Basé à Houston au Texas, le LifeFlight de l'hôpital Hermann est un service aérien d'ambulance qui rayonne jusqu'à 250 km autour de la métropole texane. Il s'agit d'un programme pionnier né avec trois Alouette III en 1976 et qui de nos jours assure plus de 3 000 missions par an, 7 jours sur 7 H24, ce qui en fait l'un des plus actifs du monde en la matière, avec une équipe de 65 personnes dont 21 pilotes.

Structure à but non lucratif financée par des dons et par les assurances médicales, LifeFlight est certifié CAMTS et Part 135 de la FAA, ce qui lui permet d'assurer tout type de mission civile aéromédicale. Cinq EC 145 reçus à partir de 2007 composent la flotte basée à l'héliport privé John S. Dunn de l'hôpital général Ben Taub de Houston.

Ukrainian Ministry for Emergency Situations

The Ukraine Ministry of Emergencies and Affairs of Population Protection from the Consequences of the Chernobyl Disaster has purchased a pair of EC 145s in October 2008.

Both helicopters are based in Nizhin and fly with the Special Squadron of the Operational Rescue and Public Safety Service to perform rescue and public assistance missions. Both were delivered in 2009 and are fitted with a left-hand side hoist. They can also carry litters for EMS or Medevac flights.

Memorial Hermann Hospital System LifeFlight

Based in Houston, Texas, the Memorial Hermann hospital LifeFlight is an air ambulance service operating in a 150-mile radius around the Texan city. This pioneer program was established in 1976 with three Alouette IIIs, and nowadays it performs an average of 3,000 flights every year, 24/7 and 365 days a year, making this 65-staff service one of the busiest in the world.

This non-profit organization relies on public and community support. LifeFlight is certified by the Commission on Accreditation of Medical Transport Systems and operates under Part 135 of the FAA, granting access to any kind of civilian HEMS flight. The five EC 145s in service were delivered from 2007 onwards and operate from the private helipad at Houston's Ben Taub General Hospital.

© Christopher Ebdon

Appareils/*aircraft* :
EC 145 : 9122 N452MH, 9136 N453MH, 9161 N455MH, 9130 N456TK, 9134 N457JD.

Metro Aviation's Aircraft Operations Division

Metro Aviation est une société de services aériens privée installée à Shreveport en Louisiane. Elle a commencé à proposer un service EMS en novembre 1983 avec deux Hughes 500D pour l'hôpital local puis a développé cette spécialité pour le compte d'autres établissements de santé à travers le pays. L'éventail des services qu'elle propose s'est développé avec la demande et aujourd'hui, Metro est en contrat pour la fourniture d'aéronefs avec équipage pour divers hôpitaux et fondations médicales.

Metro Aviation's Aircraft Operations Division

Metro Aviation is a Shreveport-based private venture specialized in aerial works. It started its HEMS service in November 1983 with a pair of Hughes 500Ds based at the local hospital before expanding its activity to other health institutions across the country. The range of activities expanded with demand and Metro has become a major player in this market, providing aircraft and crews to many medical institutions all over the USA.

As of early 2015, Metro had twenty-three EC 145s

© Nationwide Children's Hospital's

A début 2015, Metro disposait de quelque vingt-trois EC 145 répartis sur les USA au service de centres hospitaliers et systèmes de santé de plusieurs états ou métropoles. Tous ces hélicoptères sont destinés aux vols EMS et ils sont aménagés pour le transport d'un patient avec deux infirmiers/secouristes, généralement pour des transferts médicalisés ou des évacuations de victimes sur accidents de la voie publique. Les équipements standards comprennent une civière Stryker MX Pro, un kit EMS installé par Metro, deux ou trois sièges pour le personnel médical et la possibilité d'installer un projecteur SX-5 MiniSunLight. Tous ces hélicoptères sont équipés d'un enregistreur de vol pour aéronef léger (LARS), d'un avertisseur de collision (TCAS) et d'un avertisseur d'obstacle (HTAWS) logés dans le carénage nasal. Ils opèrent sous la certification américaine FAA Part 135, avec deux pilotes qualifiés IFR et pilotage sous jumelles de vision nocturnes.

Nombre de ces hélicoptères disposent également de carénages sur les flancs abritant à gauche un réservoir d'air comprimé et à droite une bombonne d'oxygène liquide (chacun avec 7 litres), indispensables au fonctionnement des équipements de secours (ci-dessus).

under contract with several private or State medical systems, all fitted for EMS flights for one patient with medical attendants. The standard fittings include a Stryker MX pro litter, a Metro EMS kit, two or three seats for the attendants and an optional SX-5 MiniSunLight search light. All are fitted with a Light Aircaft Recording System (LARS), a TCAS collision warning system and a HTAWS terrain warning system in the nose bay. All operate under the FAA Part 135 rules with two IFR- and NVG-certified pilots.

Also, a number of these EMS helicopters are fitted with fairings on their lower sides: on the right side, it houses a 7-liter liquid oxygen tank and on the left, a 7-liter medical air tank (see photo above)

Not only does Metro provide machines and crews, the company also designs and installs mission equipment for third party customers, such as ERA Helicopter, State police forces or charity hospitals fielding their own machines. In 2011, Metro became the first customer in the US for the new EC 145 T2 (now H145), deliveries to start in 2015 (see photo p.22).

MA
METRO AVIATION

© Josh Beasley

Outre les hélicoptères équipés et fournis avec équipages, Metro est également équipementier certifié pour le compte de clients tiers. Ainsi, ERA Helicopters, quelques polices d'état ou encore des centres hospitaliers appartenant à des œuvres ou des fondations ont acheté des machines qu'ils ont fait configurer par Metro.

En 2011, Metro a passé commande de cinq EC 145 T2 livrables à partir de 2015, en faisant le client de lancement pour les USA pour des missions similaires. C'est toutefois le MedFlight du comté de Dare en Caroline du Nord qui a réceptionné le premier H145 (nom du T2 à partir de mars 2015) à l'HeliExpo 2015 d'Orlando. Immatriculé N401MF, l'hélicoptère est passé chez Metro Aviation pour recevoir son aménagement EMS (voir p.22).

However, the first H145 (new name of the EC 145 T2) registered N401MF was delivered at the Orlando HeliExpo 2015 to Dare County's MedFlight in North Carolina after being fitted with its medical equipment by Metro.

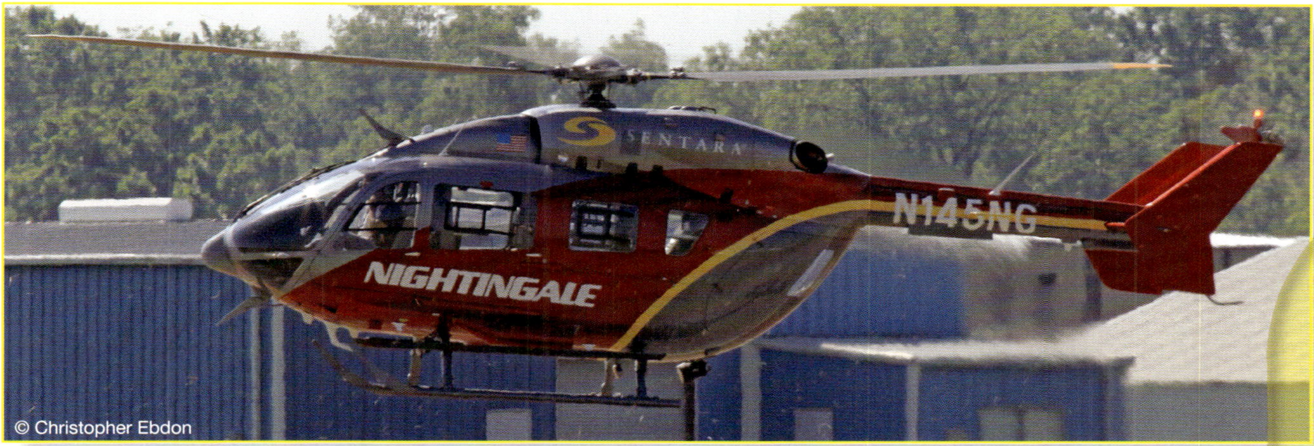

© Christopher Ebdon

Appareils (contrats Metro)/*aircraft (only metro leased)*:
EC 145 : 9228 N145CH, 9494 N145UC, 9535 N145WC, 9047 N145FH, 9319 N191LL, 9288 N192LL, 9353 N193LL, 9357 N194LL, 9392 N491LF, 9118 N482LF, 9133 N482LF, 9259 N484LF, 9614 N485LF, 9089 N906GL, 9545 N911BH, 9250 251MH, 9278 N262MH, 9311 N263MH, 9542 N145NC, 9367 N145NG, 9556 N61UP, 9281 N911TB

© Eurocopter - Vostok

Moscow Aviation Center - Emercom (Ministère des Situations d'Urgence)

Le centre de médecine d'urgence (CMU) moscovite a reçu trois EC 145 médicalisés livrés par Eurocopter Vostok en 2006, 2007 et 2008. Désignés VK-117S2 par Vostok, ils sont mis en œuvre à Moscou et ses alentours pour les évacuations sur accidents de la voie publique et des transferts entre établissements médicaux, avec une ou deux civières en cabine et deux ou trois sièges pour le personnel médical d'accompagnement. Ils opèrent avec du personnel médical mis à disposition par le CMU, qui active les missions, mais pilotes et machines dépendent du MAC qui est une agence gouvernementale.

Entre 2009 et 2012, 5 480 vols ont été effectués à Moscou par les trois hélicoptères totalisant 1 791 heures de vol et surtout, 1 668 personnes ont été secourues. Ils sont mis en œuvre avec un équipage de deux pilotes, un urgentiste et un réanimateur et disposent de dix zones de poser dans la capitale russe au départ de l'hôpital municipal n°15. Le rayon d'action des deux machines disponibles à tout moment sur les trois est de 200 km autour de la capitale mais les transferts peuvent se faire jusqu'à 500 km.

Moscow Aviation Center - EMERCOM (Emergency Situations Ministry)

The Moscow Center for Emergency Medicine (CEM) received three HEMS EC 145s from Eurocopter Vostok in 2006, 2007 and 2008. Locally designated VK-117S2, they are operated by the government-run Moscow Aviation Center for medical evacuations and inter-hospital transfer for critical patients, with one or two litters and up to three seat for medical attendants. The medical team is usually provided by the CEM while crews and pilots are attached to the MAC.

Between 2009 and 2012, 5,480 flights were made around Moscow by the three helicopters on hand, totaling 1,791 flight hours and assisting 1,668 people. The usual crew consists in two pilots plus one emergency doctor and one resuscitating doctor (this one being also a qualified rescue operator). There are ten authorized landing zones in the Russian capital city around their helipad at City Hospital No 15. Two of the three are always available on a 24/7 basis and can fly distances up to 125 miles around Moscow, even if some patients can be transported up to 310 miles away.

Appareils/*aircraft* :
VK-117S2 : 9131 RA-01882, 9183 RA-01883, 9175 RA-01885

© Eurocopter - Vostok

Deux autres EC 145 ont été commandés en juillet 2014 pour livraison en 2015/2016. Ils seront équipés de matériels de réanimation et de monitoring, avec la possibilité d'emporter un incubateur et du matériel d'assistance respiratoire adapté aux nouveau-nés et aux adultes.

Another two EC 145s have been ordered in July 2014 for deliveries in 2015 and 2016. They are due to be fitted with critical care equipments such as respiratory, resuscitation and/or monitoring systems and even incubators to transport newborn infants in critical condition.

© Eurocopter - Vostok

© Eurocopter - Vos

Noordzee Helicopters Vlaanderen (NHV)

La société flamande basée à Ostende fournit le seul hélicoptère médicalisé de Belgique sous la forme d'un EC 145 en leasing au Centre Médicalisé Héliporté (CMH) de Bra-sur-Lienne, lequel finance son fonctionnement (aéronef équipage, maintenance et carburant). Activé par un appel d'urgence au 112, cet hélicoptère est en alerte permanente à quatre minutes et peut intervenir partout en Belgique pour tout vol à vocation médicale, au profit des affiliés du CMH comme celui des non-affiliés. Agissant en complément des services de secours terrestres, l'hélicoptère a permis une proximité dans la prise en charge de nombre de patients. À titre d'exemple, l'hélicoptère se pose à moins de 60 secondes du patient dans 82% des vols diurnes, et à moins de 100m pour 56% des missions nocturnes, un atout certain dans un maillage médical très rural dans cette partie de la Belgique.

Le matériel embarqué comprend de nombreux équipements de secours d'urgence, tels qu'assistance respiratoire ou encore seringues auto-pousseuses en installation fixe, en plus de scopes et défibrillateurs portables.

© Archives Michael Mau

Noordzee Helicopters Vlaanderen (NHV)

The Flemish company based in Ostend leases the only EMS helicopter in service in Belgium. The EC 145 is operating to the benefit of the non-profit organization Centre Médicalisé Héliporté (airborne medical center), headquartered at Bra-sur-Lienne in the Eastern part of the country. Acting in conjunction with ground rescue assets, the helicopter has proven to be a fantastic proximity asset for critical care in rural areas, with 82% of the day flights landing less than sixty seconds from the victims, or 56% of the night flights landing at less than a hundred yards from the patients.

The fixed intensive care equipment includes a respirator and intravenous pumps and is supplemented by many portable types of equipment like scopes and a defibrillator.

Appareil/*aircraft* :
EC 145 : 9083 OO-NHB

© OSF HealthCare

© OSF HealthCare

OSF FlightCare

L'OSF (*Order of Saint Francis*) est un organisme de charité Franciscain installé en Illinois depuis 1876. Il est devenu au fil du temps un système médical de premier plan dans cet État et il dispose d'équipements particulièrement modernes et à la pointe du progrès médical. En 2011, OSF Aviation a commandés quatre EC 145 pour moderniser sa flotte de transport médicalisé et d'évacuation de victimes autour de Peoria et de Rockford dans l'Illinois. Ces machines sont basées aux hôpitaux OSF Saint Anthony et OSF Saint Francis avec du personnel secouriste détaché par les deux établissements.

Préparés par Air Methods, l'un des principaux équipementiers EMS américains avec Metro, ces hélicoptères sont à disposition 24h/24 et peuvent emporter jusqu'à deux patients si nécessaire sur civières Ferno Proflexx 93H pour des transferts interhospitaliers. Les équipements médicaux pouvant être embarqués incluent des incubateurs pour la branche pédiatrique des deux hôpitaux. Une moyenne de 2 200 patients bénéficie annuellement des capacités du service aérien de l'ordre franciscain de l'Illinois.

OSF FlightCare

The Order of Saint Francis is a Franciscan charity established in Illinois in 1876. It has become an important and high-tech medical network throughout the State over the years. In 2011, OSF Aviation decided to purchase four EC 145s to modernize its fleet operating from the Saint Anthony and Saint Francis hospitals at Peoria and Rockford, staffed with medics from both institutions.

The four aircraft were prepared by Air Method, one of America's main HEMS providers and they are placed on a 24/7 alert status. They can carry up to two Ferno Proflexx 93H litters for inter-hospital transfer flights with any kind of critical medical equipment, including incubators for pediatric emergencies. About 2,200 Illinois patients can benefit from OSF Aviation's services every year.

© OSF HealthCare

Appareils/*aircraft* :
EC 145 : 9389 N140SF, 9403 N240SF, 9411 N340SF, 9457 N440SF

REGA
(REttungsflugwacht **G**arde **A**érienne**)**

Héritière de la Garde aérienne suisse de sauvetage, la Rega est une fondation privée d'utilité publique à but non lucratif dont la vocation est d'agir selon les besoins médicaux des patients qu'elle prend en charge. Elle est le résultat de plusieurs décennies d'histoire du sauvetage aérien en Suisse et intervient tant pour le secours en montagne que pour le transfert médicalisé de victimes d'accident ou de patients déjà pris en charge par le système hospitalier.

Cette structure professionnelle se modernise constamment et ses activités couvrent l'ensemble des missions de secours aérien en Suisse au départ de douze bases principales , plus une partenaire, qui mettent tout le pays à moins de 15 minutes en cas d'intervention. Chaque équipage est composé de d'un pilote, d'un médecin et d'un sauveteur professionnel qui peut manœuvrer le treuil. La configuration standard prévoit l'installation d'une civière par les portes arrière.

Les deux premiers des cinq EC 145 de sauvetage ont été reçus le 12 décembre 2002 sur les bases de Bâle-Mulhouse et Lausanne, les trois autres à Berne et Dübendorf cataloguées « bases de plaine » par la Rega. Un sixième a été livré fin novembre 2008 pour maintenir un haut niveau de disponibilité, avec un hélicoptère en réserve pendant que les cinq autres volent au départ des quatre bases.

Composée de onze AgustaWestland Da Vinci et de six EC 145, la Rega a organisé 10 802 interventions héliportées en 2014, dont près de 20% de nuit.

REGA
*(**RE**ttungsflugwacht - **G**arde **A**érienne)*

The Rega is a non-profitable private foundation finding its origins in the former Swiss air rescue guard corps. Its main purpose is to provide assistance to its members involved in accidents or stranded in the mountains and to haul patients between medical establishments. This professional body is constantly modernizing and its activities cover any type of EMS or rescue mission throughout Switzerland, always within 15 minutes of flight from any of its eight main bases. Each crew consists in two pilots plus doctor and medic, the latter being in charge of the hoist, to attend a single stretcher loaded through the rear doors.

The first two rescue EC 145s were delivered on December 12, 2002 at Bâle-Mulhouse and Lausanne, the next three being dispatched to the other lowlands bases at Bern and Dübendorf, as opposed to mountain bases in Rega's organisation. A sixth aircraft was purchased and delivered at the end of 2008 to maintain a high level of availability, as one aircraft is usually undergoing maintenance while the other five are on duty.

The fleet also includes eleven AgustaWestland Da Vincis and in 2013, Rega's helicopters have performed 10,205 flights, one in five being at night.

Appareils/*aircraft* :
EC 145 : 9026 HB-ZRA, 9028 HB-ZRB, 9032 HB-ZRC, 9033 HB-ZRD, 9041 HB-ZRE, 9215 HB-ZRF

© Airbus Helicopters

© Rega

Pilote de la Rega :
Laurent Racine

« Les progrès apportés par cet hélicoptère s'articulent à trois niveaux : l'opérationnel, la sécurité et le médical. En termes opérationnels, l'arrivée de l'Eurocopter EC 145 a amélioré la performance du vol en hélicoptère : la vitesse a augmenté de 30%, la puissance s'est accrue et le plafond opérationnel s'est élevé (altitude opérationnelle : environ 5 500 m pour cet appareil). De plus, une avionique moderne a pris sa place, notamment les technologies permettant le vol aux instruments ainsi que le pilotage automatique. En somme, le cockpit s'est complexifié dans le sens positif du terme et la cabine, modernisée, est devenue davantage modulable. À son arrivée à la Rega il y a plus de douze ans (dès 2003), l'EC 145 était perçu comme un appareil de dernière génération.

En termes de sécurité, la Rega a recours – et ce depuis 1992 – à des bimoteurs. Ainsi, l'un des systèmes vitaux de l'hélicoptère est de ce fait doublé et plus sécurisé. L'accent est mis sur la sécurité des patients, des équipages et des tiers.

Au niveau médical, l'EC 145 offre une cabine spacieuse permettant d'embarquer plusieurs personnes – en plus de l'équipage – si nécessaire. Le médecin bénéficie ainsi également d'un certain confort de travail, une plus-value pour le patient. Quant au matériel embarqué à bord de cet hélicoptère, il est à la pointe de l'innovation médicale.

[...] Il n'y a ni contraintes, ni raisons particulières d'engager un EC 145 plutôt qu'un Agusta 109. Les quatre bases de plaine de la Rega sont équipées d'un EC 145 alors que ses huit bases de montagne volent avec un AgustaWestland Da Vinci. Lors du renouvellement de la flotte, plusieurs facteurs entrent en compte dans la sélection du nouvel hélicoptère, et, souvent, ce sont des détails qui font pencher la balance plutôt que de réelles contraintes. Par exemple, le volume de cabine qu'offre l'EC 145 est une plus-value pour les bases de plaine. Quant à la table de sauvetage à disposition dans l'EC 145, elle facilite la prise en charge médicale du patient.

Rega Pilot:
Laurent Racine

« The improvement brought by the EC 145 is threefold: in operations, safety, and medical care. Operationally, the EC 145 has considerably improved the helicopter service with a speed increased by 30%, more power, and a ceiling now reaching 18,040 feet. It provides modern avionics with IFR and an autopilot. The instrument panel is more complex in a positive way, and the cabin offers better modularity. When it was delivered twelve years ago, the EC 145 was truly a new generation aircraft.

Regarding safety, Rega has been using twin-engines since 1992, doubling one of the vital systems to the benefit of the crew, patients, and third-parties. Medically speaking, the EC 145 has a larger internal volume allowing it to carry more people along with the crew. The medical attendants have more room to work on the patient, and can use the most modern onboard intensive care equipment.

[...] There is no specific reason or constraint to engage an EC 145 rather than an Agusta 109. The four bases in the lowlands are equipped with EC 145s, while the eight mountain bases have Agustas. When renewing the fleet several factors are considered, but the choice surely depends on certain details to favor one model over the other. For example, the roomy cabin of the EC 145 is a clear advantage for the lowlands bases. Lastly, the stretcher/medical equipment set is a great asset to take care of the patients.

© Rega

[…] L'EC 145 comme l'AgustaWestland Da Vinci ont tous deux contribué à élargir l'éventail des missions de la Rega. Le facteur-clé ici n'est pas le choix spécifique d'un hélicoptère ou d'un autre, mais l'évolution du temps et des technologies. En effet, si le cockpit de l'EC 145 a pu permettre à la Rega la mise sur pied du vol IFR, tout autre hélicoptère équipé de cette technologie aurait également pu convenir. Le souhait de la Rega en 2003 était d'avoir la possibilité de voler aux instruments à l'avenir, et c'est cet élément, parmi d'autres (tels que coût d'exploitation, heure de maintenance), qui a fait pencher la balance vers un hélicoptère incluant cette option.

À ce sujet, depuis décembre 2014, tous les hélicoptères de la Rega sont équipés d'instruments de vol à la pointe de la technologie. En parallèle à l'équipement de ses hélicoptères de montagne, la Rega s'est également engagée à former ses collaborateurs. D'ici à fin 2015, tous ses pilotes seront ainsi aptes au vol IFR. En outre, grâce au simulateur de vol Da Vinci du Centre Rega, une grande partie des 70 heures d'entraînement que requiert cette formation peut être effectuée sans bruit ni consommation de kérosène. Chaque année, la Rega ne peut apporter à près de 600 patient(e)s (sur un total d'environ 10 000 missions hélicoptère) une assistance médicale d'urgence par les airs en raison de mauvaises conditions météorologiques. Le vol IFR permet de repousser autant que possible les limites imposées par les conditions météorologiques afin de réduire le nombre de missions annulées ou interrompues.

Pour l'instant en Suisse, l'IFR n'est praticable que sur un nombre restreint de lieux : les aéroports et les hôpitaux situés proche de ces derniers. En effet, une base légale est nécessaire pour que la Rega puisse atteindre son objectif. Les Forces aériennes suisses, l'Office Fédéral de l'Aviation Civile (OFAC) et Skyguide participent activement à l'élaboration de nouvelles procédures de vol aux instruments et soutiennent le projet de la Rega. Par ailleurs, cet effort ne se limite pas à la Suisse : en collaboration avec d'autres prestataires

[…] Both the EC 145 and the AgustaWestland Da Vinci have contributed to widen the range of missions for Rega. The key factors in our selection process are obviously new needs and modern technologies. The EC 145 instrument panel did allow Rega to implement IFR, but any other helicopter with a similar avionics suite would have been suitable. In 2003, Rega wanted IFR for its forthcoming operations and this factor, added to maintenance and flying hour costs, tipped the scales in favor of the EC 145.

Since December 2014, all REGA helicopters have been flying with state of the art avionics, a modernization process run in conjunction with advanced staff training. By the end of 2015, all pilots will be IFR-certified and the Da Vinci static simulator at the REGA Center will allow this training process to proceed at lesser cost, including without burning any fuel for most of the 70-hour course. Each year, about 600 patients cannot benefit from the helicopter emergency service because of adverse weather (out of some 10,000 sorties), so IFR will reduce this figure and decrease the number of flights cancelled or aborted by adverse weather.

For the time being in Switzerland, IFR is limited to a small number of routes, mainly between airports and nearby hospitals. It takes new laws to permit Rega to reach its target. The Swiss Air Force, the Federal Office of Civil Aviation, and Skyguide are actively involved in drafting new instrument flight rules. This effort is not limited to Switzerland as other European partners are working on HEDGE (Helicopters Deploy GNSS in Europe) to develop

© Rega

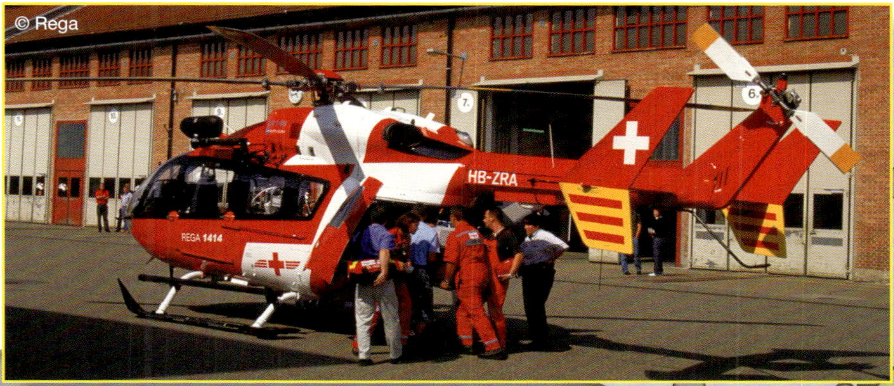

© Rega

européens, le projet HEDGE (Helicopters Deploy GNSS in Europe) s'attache ainsi à développer non seulement des approches de précision assistées par satellite sur les héliports, mais aussi un réseau de routes IFR à basse altitude.

Pour obtenir l'autorisation de voler aux instruments, un pilote doit suivre une formation théorique complète, mais aussi effectuer au moins 55 heures d'entraînement au vol IFR. La Rega va plus loin : tous ses pilotes doivent justifier d'environ 50 heures de vol de formation dans un simulateur et de 20 heures à bord d'un hélicoptère.

Je n'ai en tête aucune mission qu'il m'aurait été impossible d'effectuer avant l'arrivée de l'EC 145 [mais] il est extrêmement difficile d'être objectif dans la comparaison entre deux hélicoptères. L'EC 145 est une machine fiable et opérationnelle avec laquelle je peux effectuer toutes les missions transmises par la centrale d'intervention (transferts, missions de recherche, sur le lac, en montagne, treuillages, etc.). En effet, la Rega inscrit dans ses priorités majeures l'utilisation d'appareils modernes et à la pointe de la technologie. L'intervention des hélicoptères de sauvetage est précieuse, aussi bien dans les zones montagneuses difficiles d'accès que sur l'autoroute ou en région urbaine. Elle permet le transport en toute sécurité de patients dans un état critique vers un centre hospitalier approprié ou encore le transfert de nouveau-nés dans un hôpital pédiatrique. [...] »

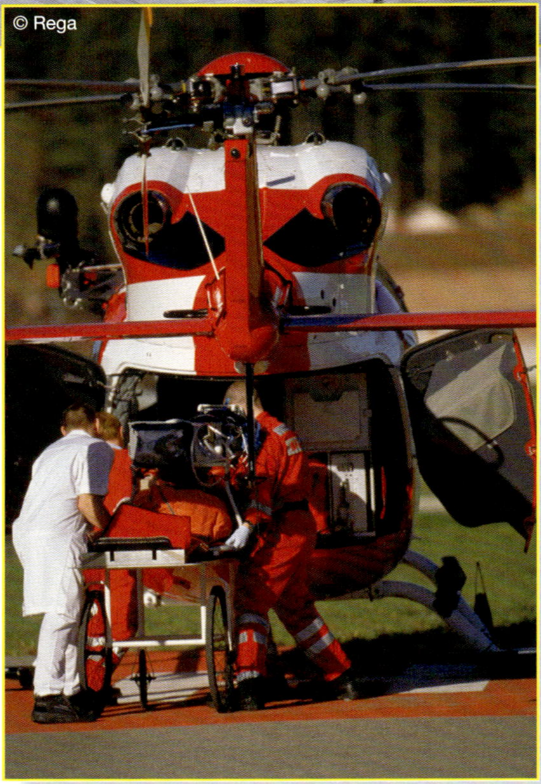

GPS-assisted precision approaches and low-level IFR routes. To be IFR-certified, a pilot must attend an academic course and have a minimum of 55 hours under IFR rules. REGA wants more: all its pilots must complete 50 simulator-hours plus 20 actual flight hours.

I cannot think of any mission I could not have done before the EC 145 was put into service. However, it is very hard to be unbiased when comparing both models. The EC 145 is a very reliable machine I can take to any mission when called by the central dispatch (critical care transfer, lake or mountain SAR, rescue hoisting...). Rega's major concern is to use the most modern and hi-tech aircraft, with helicopters being critical for inaccessible mountain areas, highways and urban areas. We can safely carry patients in critical condition, or transfer newborns to the most appropriate medical institution [...]."

Appareils/*aircraft* :

EC 145 : 9026 HB-ZRA, 9028 HB-ZRB, 9032 HB-ZRC, 9033 HB-ZRD, 9041 HB-ZRE, 9215 HB-ZRF.

Scandinavian Air Ambulance

L'opérateur scandinave est l'un des plus importants de Scandinavie et a commencé ses opérations en 2001 pour mener des vols sanitaires en Suède et en Finlande. Avec la restructuration des spécialités médicales dans les grands centres hospitaliers suédois, il a été nécessaire de créer un service aérien d'ambulance dont la division hélicoptère est connue sous le label Scandinavian MediCopter.

Scandinavian Air Ambulance

This is one of the largest EMS operators in Scandinavia, established in 2001 to perform aerial medical service in Sweden and Finland. In the wake of the Swedish major hospitals structuring, it became increasingly necessary to launch a flying ambulance service, known today as Scandinavian MediCopter. A first single-pilot IFR EC 145 was delivered at the end of 2005 to take charge of the patient transfers between the Visby island hospital and the main complex at Stockholm, performing a yearly average of 500 flights.

Livré fin 2005, un EC 145 configuré monopilote IFR est en service depuis la base insulaire de Visby pour les transferts entre l'hôpital local et celui de Stockholm, assurant quelque 500 missions annuelles pour un total de 600 heures. Outre le pilote, l'équipage se compose généralement d'un infirmier anesthésiste et d'un assistant secouriste.

Le 13 févier 2012, SAA s'est porté acquéreur de quatre EC 145 T2 pour les missions de transport médical d'urgence et les transferts inter-hospitaliers dans le Nord de la Finlande pour le compte de FinnHEMS, l'autorité finlandaise chargée de l'organisation du service sanitaire héliporté. Les hélicoptères seront basés à Oulu, Kuopio et Rovaniemi.

Notons qu'en Scandinavie, un autre opérateur utilise deux EC 145, le Norvégien Norsk Luftambulanse mais il n'est pas inclus dans le regroupement SAA. Ces hélicoptères sont entrés en service en novembre 2005 et janvier 2009 pour des missions similaires en Norvège.

for 600 hours. The crew generally consists in a pilot, an anesthetic physician and a flying medic.

On February 13, 2012, SAA bought four EC 145 T2s on behalf of FinnHEMS for EMS flights and inter-hospital transfers in Northern Finland. The helicopters are due to be based at Oulu, Kuopio and Rovaniemi.

© Archives Michael Mau

Another Scandinavian operator has two EC 145s for HEMS, Norway's Nork Luftambulanse, but it is not part of the SAA network. Their helicopters were delivered in November 2005 and January 2009 for similar roles in Norway.

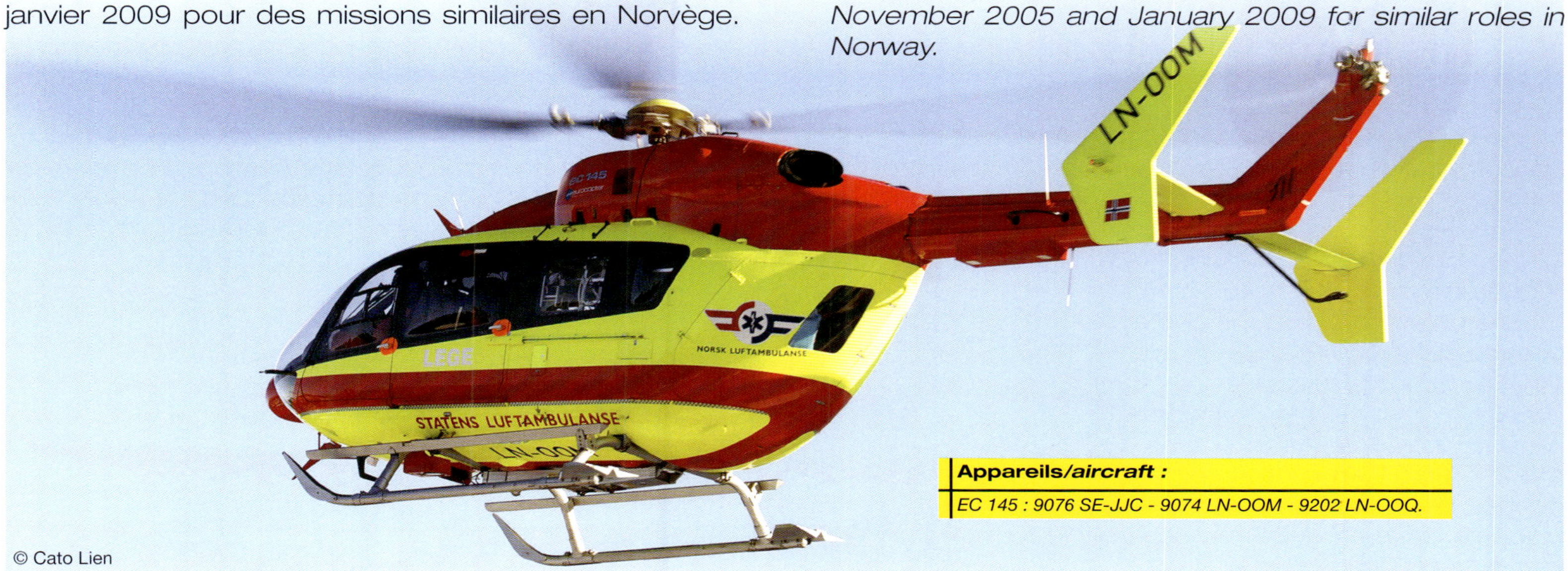

Appareils/*aircraft* :

EC 145 : 9076 SE-JJC - 9074 LN-OOM - 9202 LN-OOQ.

© Cato Lien

Sécurité Civile

Le GHSC (Groupement Hélicoptère de la Sécurité Civile) française est le deuxième utilisateur d'EC 145 après l'armée américaine, avec trente-huit machines achetées en trois contrats distincts. Acteur déterminant dans la conception et la mise en service de l'EC 145, puisqu'elle a émis avec la Gendarmerie le cahier des charges qui a donné naissance à cet hélicoptère, cette administration est le principal opérateur de secours français. Son rôle est de porter assistance aux populations dans des situations du quotidien comme de l'exceptionnel, à l'aide des divers services de secours (sapeurs-pompiers, Croix-Rouge, SNSM, associations bénévoles...) nationaux et étrangers.

French Sécurité Civile

The air branch of the French Department of Civil Defence and Emergency Preparedness is the second largest EC 145 operator after the US Army, with thirty-eight helicopters purchased in three batches. It was also a key player in the design of this helicopter as it drafted the request for proposal along with the French Gendarmerie. The role of the SC is to assist populations with daily rescue service as well as coordinate larger disaster response with other rescue services such as fire brigade departments, local Red Cross, National Rescue Launch and charities.

© Jean-Yves Stollesteiner

© Samuel Prétat

Pour ce faire, elle dispose de nombreux matériels au nombre desquels les hélicoptères rouge et jaune qui répondent à l'indicatif radio Dragon suivi du département d'affectation (Dragon 75 pour Paris). Ces appareils sont dotés de nombreux équipements fixes et optionnels en fonction du contexte opérationnel de la base, ce qui donne lieu à plusieurs configurations des Dragon qui sont loin d'être identiques. Ainsi, dans les équipements fixes pouvant varier d'une machine à l'autre, on trouve les patins (plus ou moins longs), le treuil (installé à gauche pour la montagne ou à droite pour le maritime) et la flottabilité installée pour les survols maritimes. Côté matériels optionnels, installés selon les besoins de la mission, se trouvent la boule optronique avec FLIR, un projecteur SX-16 et l'aménagement intérieur avec les civières et des rangements, parfois « maison ». Il faut noter une exception dans la flotte avec le Dragon 67 basé à Strasbourg qui est doté d'équipements de stabilisation de victime et de monitoring installés de façon permanente car financés par le SAMU 67 pour les missions médicales d'urgence.

Les contrats d'acquisition ont été passés en trois fois à commencer par le contrat principal pour trente-deux machines conclu en 1998. Le premier lot a été livré entre février 2002 et avril 2005, la réception officielle se faisant, en fait, en septembre à la base de Paris en présence du ministre de l'Intérieur dont dépend cette administration. Les premiers hélicoptères ont été versés aux bases littorales pour se conformer aux lois européennes en vigueur, suivirent les bases de montagne avec Pau en premier. Une seconde commande a été passée par la DGA en décembre 2007 pour cinq machines dont deux en option. Enfin, une dernière machine a été commandée en 2008 en même temps qu'était levée l'option pour remplacer les trois perdues respectivement en 2003, 2006 et 2009.

© Archives Michael Mau

Avec un volume cabine multiplié par quatre et une capacité de transport doublée par rapport à l'Alouette III, l'EC 145 offre une plateforme adaptée à la plupart des missions de la Sécurité Civile, même s'il reste un peu juste en termes d'endurance et de réserve disponible au regard de certaines missions maritimes ou en montagne. La Sécurité Civile dispose de vingt-et-une bases à travers le territoire métropolitain soit quatorze bases littorales, cinq bases en montagne et trois bases urbaines. S'y ajoutent deux bases outre-mer et sept détachements saisonniers en montagne et bord de mer. Le Groupement Hélicoptère de la Sécurité Civile (GHSC) est composé de 310 personnes, navigants et personnels techniques et administratifs.

© Samuel Prétat

Among its many rescue assets are the red and yellow helicopters using the radio callsign Dragon followed by the number of the department (i.e. county) hence "Dragon 75" for Paris. These helicopters can be fitted with many types of equipment, fixed or removable, depending on the base they are attached to. Among the variable fixed item are the skids (long with the flotation gear or short without) and hoist (on the right side for maritime flights or left for mountain rescue).The optional items depend on the needs for each mission, like the MX-15i EO turret with FLIR and camera, the SX-16 search light and the internal rescue configuration, sometimes with "in house" fittings. One exception is Dragon 67 (based at Strasbourg) permanently fitted with an EMS package paid for by the local emergency department SAMU 67.

Three purchase orders were placed, starting with the main contract for thirty-two helicopters confirmed in 1998. The first EC 145 batch was delivered between February 2004 and April 2008, the official reception taking place at Paris-Issy-Les-Moulineaux on September 2004 with the French Minister of Interior. The first aircraft were sent to the littoral bases to conform to the European laws, and then further deliveries were sent to the mountain bases starting with Pau near the Pyrenees. A second order was placed by the DGA in December 2007 for five new helicopters, including an option for two. In 2008, the options were lifted and a single helicopter was contracted for tas replacement for the three attrition losses (in 2003, 2006 and 2009).

With an internal volume four times larger and double payload capacity compared with the Alouette III, the EC 145 is a perfect substitute for most of the SC's missions, even if some consider the new machine lacks endurance and reserve to cover all types of maritime and mountain missions. The Sécurité Civile has twenty-one bases across Metropolitan France (fourteen shore bases, five in mountains and three in urban areas) plus two bases overseas and seven seasonal detachments. The national Groupement Hélicoptère de la Sécurité Civile (GHSC) is composed of 310 personnel, flying, maintenance and administration staffs altogether.

© Frédéric Marsaly

Si la machine a été conçue pour répondre aux besoins spécifiques de la Sécurité Civile et de la Gendarmerie, son intégration ne s'est pas faite sans problème et trois accidents graves ont émaillé la carrière des EC 145 français, lançant des controverses sur le choix de la machine. À ce jour, les équipages en sont néanmoins satisfaits et répondent annuellement à des milliers d'appel des services de secours nationaux pour un total annuel moyen de 17 000 heures de vol s'inscrivant dans le cadre de quatre missions principales :

- Missions de secours et de sauvetage (prioritaires) : Évacuations de personnes en détresse, transport d'équipes de secours et de matériel spécialisé, recherche, surveillance et coordination des secours (70%)
- Autres missions de secours : Lutte contre les feux de forêts, transports sanitaires inter-hospitaliers à caractère d'urgence
- Missions de police : Sécurité et prévention générale
- Missions de prévention générale et d'assistance technique au profit d'autres administrations ou des collectivités locales.

20% des missions sont effectuées de nuit et environ 60% comprennent des hélitreuillages. Le cadre officiel des principales missions de la Sécurité Civile est le suivant : « *L'emploi de la flotte aérienne, fixé par une instruction du 29 septembre 1992, est dédié, selon l'ordre de priorité décroissant, au secours-sauvetage, à la lutte contre les feux de forêt, à la sécurité et à la protection générale. Elle peut également participer aux missions des autres directions du ministère de l'intérieur et apporter son concours aux autres administrations* ». (texte « Projet de loi de finances pour 2014 »).

Even though the helicopter was designed along specific RFP from the French administration, its integration in the force did not go without trouble and three fatal accidents struck the Sécurité Civile *within six years, starting a controversy on the choice of the machine. To this day however, most crews are satisfied with it as it allows them to respond all year long to thousands of emergency calls, totaling an average of 17,000 hours of flying time every year. Their role is four-fold:*

- *Rescue and emergency missions: assist stranded persons, transport medical teams with dedicated equipment, search and rescue, surveillance... (70%)*
- *Other emergency missions: fire-fighting, medical patient transfers...*
- *Law enforcement missions: public security and crime prevention (the SC is attached to the Ministry of Interior)*
- *Assistance to other ministries and administrations (national and local)*

20% of the missions take place at night and the rescue hoist is used in about 60%. In 2014, a Finance law instructed that "the use of aerial assets, as instructed in the Sept.29, 1992 bill, is dedicated to rescue-emergency, fire-fighting, security and general protection duties, in priority order. It is also allowed to participate to other Ministry of Interior directorates if the need arises."

© Rémy Michelin

© Frédéric Marsaly

Appareils/*aircraft* :

EC 145 : 9006 F-ZBPA, 9007 F-ZBPB, 9009 F-ZBPC, 9010 F-ZBPD, 9011 F-ZBPE, 9012 F-ZBPF, 9013 F-ZBPG, 9015 F-ZBPH, 9016 F-ZBPI, 9017 F-ZBPJ, 9020 F-ZBPK, 9021 F-ZBPL, 9022 F-ZBPM, 9023 F-ZBPN, 9024 F-ZBPO, 9030 F-ZBPP, 9031 F- ZBPQ, 9034 F-ZBPR, 9042 F-ZBPS, 9043 F-ZBPT, 9045 F-ZBPU, 9046 F-ZBPV, 9048 F-ZBPW, 9049 F-ZBPX, 9050 F-ZBPY, 9056 F- ZBPZ, 9057 F-ZBQA, 9058 F-ZBQB, 9059 F-ZBQC, 9060 F-ZBQD, 9062 F-ZBQE, 9064 F-ZBQF, 9217 F-ZBQG, 9232 F-ZBQH, 9240 F-ZBQI, 9323 F-ZBQJ, 9372 F-ZBQK, 9452 F-ZBQL.

En termes de statistiques de l'activité de la flotte hélicoptère, l'Etat a relevé les chiffres suivants pour l'année 2012 :

- 16 303 heures de vol réparties sur 19 873 missions ;
- 67,84 % du total sont des missions « pures » de secours à personne, soit : 13 482 missions et 13 581 personnes secourues (une toutes les 39 minutes) ;
- 6,56 % sont des missions de recherche, de commandement et de coordination, de reconnaissance, de prévention et de surveillance plus le transport d'équipes spécialisées ;
- 15,65 % relèvent de la formation, du maintien des compétences des équipages et des partenaires (secouristes et médecins) ;
- 4,79 % représentent les vols techniques.

Chaque appareil en ligne a effectué 2,36 missions par jour.

2 598 heures de vol ont été réalisées sous jumelles de vision nocturne, 1 268 aux instruments.

Les missions de secours, sont, pour l'essentiel, intervenues pour 49,25 % en plaine et ville, pour 25,45 % en moyenne montagne (500-2 500 m ; pour la haute montagne, le pourcentage des missions s'établit à 3,18 %), pour 7,89 % sur les routes et pour 6,24 % dans les îles. Dans ce cadre, 8 778 treuillages ont été effectués dont environ 1 020 de nuit.

Le coût de l'heure de vol de l'hélicoptère EC 145 s'élève à 3 478 euros hors amortissement (3 996 euros en l'intégrant) ; le coût d'une mission de secours est évalué par la DGSCGC à 2 837 euros. Il convient de préciser qu'au vu des expériences concluantes, la médicalisation des bases opérationnelles (mise en place de personnels médicaux et paramédicaux) est en progression : après celle de la Guadeloupe, treize bases sont aujourd'hui médicalisées.

Source : www.senat.fr

Statistically, the French Parliament had listed the following figures for the SC activity in 2012:

- 16,303 flying hours for 19,873 sorties;
- 67.84% were people rescue, meaning 13,482 sorties and 13,581 rescuees (one every 39 minutes!);
- 6.56% were for search and rescue, command and coordination, law enforcement, rescue team haulage;
- 15.65% were for crew and medics training;
- 4.79% were maintenance control flight.

Each aircraft has flown 2.36 sorties every day.

2,598 hours were performed at night with goggles and 1,268 under IFR.

Rescues missions took place in lower lands and cities (49.25%), in lower mountains (25.45% at 1,500-8,200 ft of altitude), 3.18% in high mountains, 7.89% on roads and 6.24% in isles.

The rescue hoists were used 8,778 times, including 1,020 times at night.

One flight hour costs € 3,478 (excluding depreciation, USD 3,900 as of Feb. 2015)

The cost of a rescue mission averages € 2,837 (USD 3,875 as of Feb. 2015)

In view of positive experiences, the bases are being progressively "medicalized" with flying doctors and medics with thirteen being ready by early 2013

Source : www.senat.fr

Texas Department of Public Safety

Le département de la sécurité publique de l'Etat du Texas a officiellement réceptionné son EC 145 le 8 décembre 2008 à Grand Prairie chez American Eurocopter. Livré en renfort de plusieurs AS 350 ASTAR après un passage chez Metro pour recevoir ses équipements, cet hélicoptère est destiné à un large éventail de missions publiques telles que l'EMS, le maintien de l'ordre, la recherche et le secours, la lutte antiincendies et le soutien aux opérations des forces spéciales de la police et des Texas Rangers.

Il peut être équipé d'un projecteur SX Nitesun, d'une boule optronique MX-15 (avec FLIR et caméra) et peut être aménagé pour le transport de patient sur civière.

Texas Department of Public Safety

The Texas DPS officially received its lone EC 145 from Eurocopter USA on December 8, 2008 at Grand Prairie, Texas. Fitted by Metro, it was delivered to reinforce the AS 350 ASTARs already in use for all kinds of public support missions such as law enforcement, EMS, SAR, fire-fighting or SWAT support. It can be fitted with an SX Nitesun search light, an MX-15 EO turret with FLIR and cameras or a stretcher for medical evacuation.

Appareil/*aircraft* :
EC 145 : 9166 N145TX.

© American Eurocopter - Kelly Cathey

© Christopher Ebdon

Transportes Aereos Pegaso

Fondée en 1981, cette société mexicaine de service aérien est devenue la principale entreprise de ce type dans le pays. Avec plus de 42 000 vols annuels, la compagnie dispose de quatre bases opérationnelles à travers le Mexique et met ses moyens au service des entreprises publiques et privées dans les domaines de l'énergie et de la prospection pétrolière. Parmi ses principaux clients se trouvent la Comisión Federal de Electricidad (CFE), fournisseur national d'électricité, et Petroleos Mexicanos (PEMEX) pour lesquels elle propose des missions de transport off-shore et de service aérien.

Le 12 avril 2012, Pegaso a reçu le 500e EC 145, alors produit par Eurocopter et la société est également centre de maintenance agrée pour les EC 135 et EC 145 avec trente-et-un hélicoptères Airbus Helicopter en service, dont onze EC 145. Une partie de la flotte est financée par le groupe irlandais d'investissement Milestone Aviation Group. Parmi les services proposés par Pegaso pour les EC 145 se trouvent le transport de passagers (VIP, privés, off-shore, administrations...), le transport de colis ou de charges (sous élingue ou en cabine) ou la lutte contre les incendies.

Transportes Aereos Pegaso

Founded in 1981, this Mexican aerial service company has become the country's major operator with 42,000 sorties a year and four permanent bases across Mexico. It is under contract with the government to provide support to public and private companies in the energy and oil business, like the Comisión Federal de Electricidad *(CFE) and* Petroleos Mexicanos *(PEMEX).*

On April 12, 2012, Pegaso received the 500th EC 145 produced by Eurocopter and the company has become an EC 135 and EC 145 certified maintenance center for Central America, with thirty-one European helicopter in service, including eleven EC 145s. Part of the fleet is financed by the Irish investment fund Milestone Aviation Group and Pegaso offers a wide range of services like passenger transport (off-shore, VIP, individuals, public servants...), logistic support (under sling of internally) and fire-fighting.

Appareils/*aircraft* :

EC 145 : 9051 XA-EZM, 9095 XA-UFU, 9142 XA-UJA, 9144 XA-UJE, 9185 XA-UPM, 9321 XA-UNK, 9387 XA-UOQ, 9468 XA- ?, 9471 XA- ?, 9485 XA- ?, 9481 XA-UHI, 9500 XA-THK.

© Eurocopter - Jérôme Deulin

© Eurocopter - Charles Abarr

© Christopher Ebdon

UH-72A s/n 72185 msn 9441, A Co./1-114 Aviation Regiment, Arkansas National Guard

© Xavier Capy

EC 145 msn 9124, Section Aérienne de Gendarmerie de La Réunion

© DR

EC 145 msn 9004, Hessen Polizeifliegerstaffel

© Christopher Ebdon

OPÉRATEURS MILITAIRES & SÉCURITÉ PUBLIQUE

LAW ENFORCEMENT & MILITARY OPERATORS

Ce chapitre plus complet présente ces opérateurs d'EC 145 et les nombreuses utilisations qu'ils font de l'aéronef. Le but ici est d'illustrer les fonctionnalités et les usages de cet hélicoptère en matière de missions à caractère militaires, de maintien de l'ordre et de soutien aux forces de police.

This more exhaustive chapter is aimed at presenting a selection of configurations for the EC 145 in its military and law enforcement roles. We mainly seek at showing how the helicopter can be used.

© Conway Bown

Appareil/*aircraft* :
EC 145 : 9156 VH-WGO.

Australia Customs Service (Customs Coastwatch)

Un EC 145 a été reçu début août 2008 par la garde côtière australienne et mis en œuvre sous contrat avec Helicopters (Australia) Pty Ltd depuis la base de Gove, dans les Territoires du Nord.

Cet hélicoptère était utilisé pour la surveillance littorale, la lutte contre les trafics, la surveillance des pêches et le transport. Il a été retiré du service côtier car le contrat avec l'opérateur privé ne courait que jusqu'à juin 2010 et cette machine a été affectée à d'autres missions par son propriétaire.

Australia Customs Service (Customs Coastwatch)

The Australian Coastwatch received a single EC 145 in August 2008 for maritime missions under contract with the private venture Helicopters (Australia) Pty Ltd based at Gove, NT. It was tasked with fishery control, shore patrol, transport, customs control, and illegal activities prevention. The contract was terminated in June 2010 with the owner moving the aircraft to less official duties.

Deutche LandesPolizei

L'Allemagne est une république fédérale composée de douze lander globalement très bien équipés en aéronefs qui complètent le dispositif fédéral. S'il n'y a que quatre EC 145 en ligne à fin 2014, la flotte est en développement avec les commandes des lander du Bade-Wurtemberg et de Rhénanie du Nord-Westphalie avec un total de six tout nouveaux H145 chacun (voir chapitre suivant).

© Wiesbaden 112 - Sebastian Stenzel

Deutche LandesPolizei

Germany is a federal republic composed of twelve Lands that are well equipped when it comes to police air services. However, only four EC 145s were in service as of late 2014, with the fleet soon to expand thanks to recent orders from Baden Würtemberg and North Rhine-Westphalia. Each of these Lands has purchased six H145.

Hessen Polizeifliegerstaffel

La Hesse a été pionnière dans la mise en œuvre d'hélicoptères de police puisqu'elle a reçu la première de deux Alouette II le 20 décembre 1964. En 1973, c'est un premier Bö 105 C qui arrivait pour aider les Alouette II, rejoint en 1980 par deux Bö 105 CBS tandis qu'une Alouette était retirée du service. En 1983, à l'arrivée du troisième Bö 105 CBS, la seconde Alouette était retirée. Fortement sollicités par les autorités locales pour des missions de sécurité publique, les Bö 105 sont remplacés à partir de 2002 par des EC 145.

Le premier de trois EC 145 a été mis en service le 17 avril 2002, permettant d'assurer les missions de surveillance routière dans de meilleures conditions, notamment grâce à un FLIR que la Hesse introduit pour les opérations nocturnes. Dotés d'un treuil et d'une civière interne, les EC 145 sont également fréquemment utilisés pour des missions de secours et de transport de victimes. La grande cabine de ce modèle offre également une plate-forme idéale aux forces spéciales de la police du Land lors d'interventions « musclées » de maintien de l'ordre. Des barres de descente en rappel peuvent également être installées pour ces missions.

© Wiesbaden 112 - Sebastian Stenzel

Hessen Polizeifliegerstaffel

The Hesse State Police pioneered helicopter use on December 20, 1964 when it received the first of two Alouette IIs. Then in 1973, the Alouettes were supplemented by a Bö 105 C, that was joined in 1980 by a pair of Bö 105 CBSs, allowing retirement of one Alouette II. The second Alouette II retired in 1983 when a third Bö 105 CBS was delivered. Much in demand by the local authorities, these helicopters were used for public order and law enforcement duties until they were finally replaced by EC 145s.

The first of three EC 145s was pressed into service on April 17, 2002 to start road patrols in better conditions thanks to a FLIR that was being introduced for the first time in Hesse. Also fitted with a searchlight, a rescue hoist or a litter, the EC 145s are often used for EMS and SAR. The large internal volume provides a great tool to the police special forces who can exit the aircraft either when it lands, or by using rappelling arms while in flight.

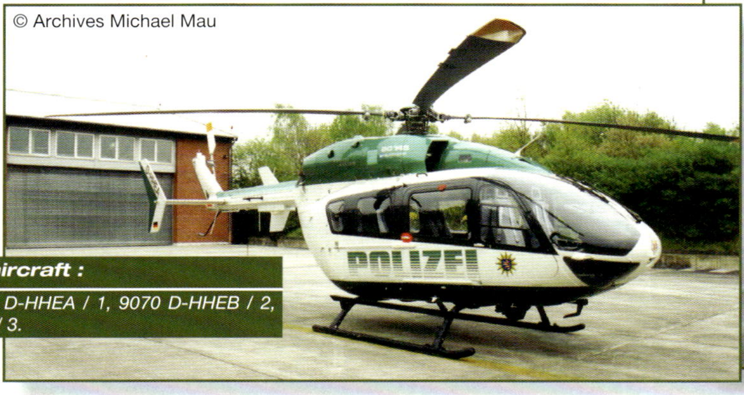

© Archives Michael Mau

Appareils/*aircraft* :

EC 145 : 9004 D-HHEA / 1, 9070 D-HHEB / 2, 9081 D-HHEC / 3.

© Eurocopter

PolizeiHubschrauberStaffel Thüringen

La police de la Thuringe a reçu un unique EC 145 en 2008 pour remplacer l'un des trois Bö 105 en service depuis 1993. Cet hélicoptère est utilisé pour des missions de transport de victimes et de sécurité publique avec un FLIR, un treuil et un projecteur SX-16.

PolizeiHubschrauberStaffel Thüringen

The Thuringia police received a single EC 145 in 2008 to replace one of the old Bö 105 that had been in service since 1993. This helicopter is used for EMS and law enforcement with a FLIR, hoist/rappeling arms and an SX-16 searchlight.

Appareil/*aircraft* :

EC 145 : 9117 D-HTHC.

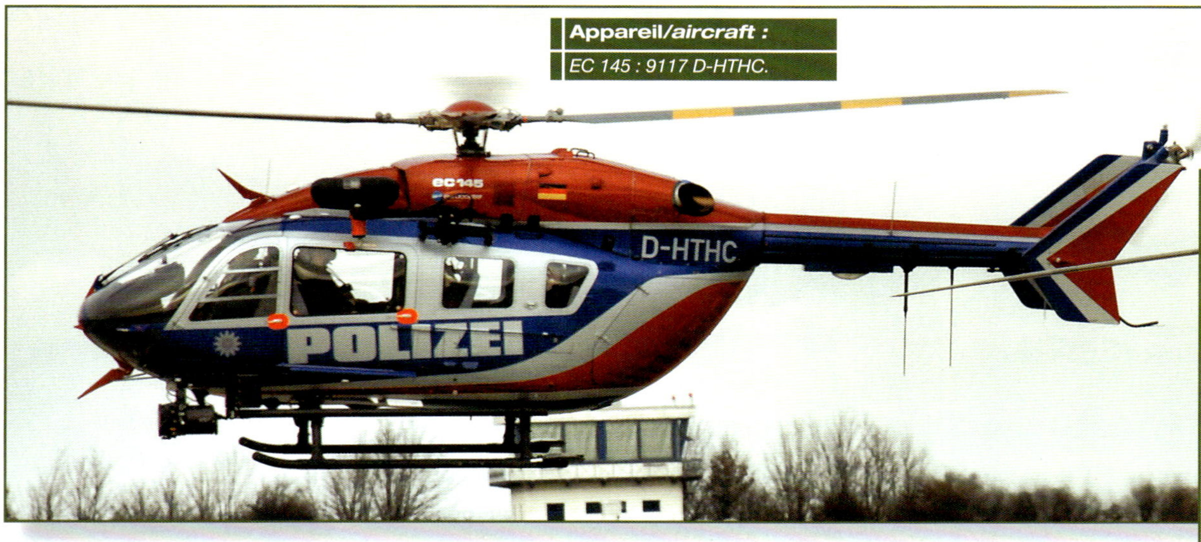

© Freistaat Thüringen

© Freistaat Thüringen

Forcat Ajrore Shqiptare (Albanie)

Un EC 145 est entré en service dans la Force Aérienne Albanaise le 28 juillet 2012 pour le transport VIP. Acheté avec cinq Cougar, cet hélicoptère vise à moderniser la flotte albanaise et à faciliter son intégration dans l'Otan.

Toutefois, la perte accidentelle en juillet 2012 de l'un des Cougar durant les essais précédant la livraison a entrainé la commande à la place de deux autres EC 145 gréés pour les opérations de secours et devant être livrés durant la seconde moitié de 2015.

© Forcat Ajrore Shqiptare

© Forcat Ajrore Shqiptare

© Forcat Ajrore Shqiptare

Appareil/*aircraft* :
EC 145 : 9526 FA-635.

Forcat Ajrore Shqiptare (Albanie)

One EC 145 has entered service with the Albanian air force on July 28, 2012 for VIP transport. It was purchased in a package with five Cougar transport helicopters to to allow a better integration of the force into NATO.

In July 2012, the accidental loss of a Cougar during trials prior to delivery led to an order for two EC 145s as a replacement. These new helicopters will be fitted for emergency and SAR missions, with an expected delivery in the second half of 2015.

© Laurent Garot

Forces Aériennes de la Gendarmerie Nationale (FAG)

En 1997, la Gendarmerie Nationale a lancé une étude pour le remplacement de ses vieilles Alouette III par un hélicoptère bimoteur de nouvelle génération. C'est le BK 117 C-1 qui est arrivé en haut du classement des machines testées et le constructeur Eurocopter fut approché pour répondre à cette demande. Les contraintes budgétaires de l'époque ont toutefois retardé le projet et de nouveaux tests mirent en évidence les qualités de la nouvelle variante du BK 117, le C-2 qui allait devenir l'EC 145, commandé à huit exemplaires en 1999. Le premier de ces nouveaux hélicoptères fut accepté par la Gendarmerie en décembre 2002, suivi des sept autres durant les neuf mois suivants pour soutenir les missions du PGHM et du GIGN. En août 2006, afin de parachever le remplacement des dernières Alouette III, un second contrat fut passé pour sept nouveaux EC 145 qui furent reçus en 2007 (3) et 2008 (4).

French* Gendarmerie Nationale *air force (FAG)

In 1997, the French Gendarmerie issued a Request For Proposal to replace its old Alouette IIIs with a new generation twin-engine helicopter. The tests allowed them to shortlist Eurocopter's BK 117 C-1 but budget cuts delayed the procurement. New trials were performed a few months later with the newest BK 117 variant, the C-2, which displayed obvious qualities to meet the Gendarmerie's requirements. Eight of the future EC 145s were ordered in 1999 with the first delivered in December 2002, followed by the other seven within the next nine months. Initially, these have been used in support of the PGHM mountain rescue and GIGN special forces teams. In August 2006, a second contract was signed for seven new EC 145s, with 3 delivered in 2007 and 4 in 2008, to replace the last of their Alouettes.

© Airbus Helicopters - Anthony Pecchi

Les missions du SAG sont multiples et couvrent autant la sécurité publique que le maintien de l'ordre et le secours aux personnes. Parmi les équipements standards des EC 145 de la Gendarmerie figurent un treuil d'une capacité de 278 kg sur la porte droite, une avionique compatible avec les équipements de vision nocturne avec cartographie dynamique, un haut-parleur et une cabine modulable selon la mission avec sol en plaques d'acier inoxydable. Des sièges peuvent être installés pour le transport d'une dizaine de passagers assis ainsi que des équipements de mission EMS tels que des civières et des appareils médicaux pour les vols sanitaires en cas de défaillance ou d'indisponibilité des appareils normalement dédiés à ces missions (SAMU, Sécurité civile...).

Ces hélicoptères peuvent aussi emporter un projecteur SX-16 et une boule optronique MX-15i qui peut transmettre les informations en temps réel vers un récepteur au sol. Enfin, une barre est installée en haut de la cabine au dessus de la porte gauche pour fixer les cordes de rappel lors des interventions du GIGN. Les EC 145 des gendarmes sont utilisés pour toutes les opérations de sécurisation des grands événements tels les G8 ou les commémorations du Débarquement de Normandie. Ce sont toutefois ceux qui travaillent avec le Peloton de Gendarmerie de Haute Montagne (PGHM) qui font régulièrement la « une » au regard des conditions extrêmes de leurs missions, tel lors du crash de l'A320 de Germanwings fin mars 2015 qui a vu une importante mobilisation des EC 145 JBG, JBD et JBJ. N'oublions pas le SAG de Cayenne qui est confronté à des trafics particulièrement violents et qui, début 2015, montrait un intérêt prononcé pour une capacité de tir de précision et l'installation d'un support d'armement assisté (SAA) pour des tirs de neutralisation.

L'organisation des gendarmes volants comprend des SAG et des DAG, c'est à dire respectivement Section Aérienne de Gendarmerie et Détachement Aérien de Gendarmerie. Pour simplifier, la SAG est l'échelon de commandement qui chapote les DAG, desquels dépendent les personnels, le matériel et la maintenance. À la tête se trouve le Groupement Central des Formations Aériennes de la Gendarmerie (GCFAG) basé à Villacoublay (78) auquel est directement rattaché le Groupe Instruction Sécurité des Vols (GISV) basé à Cazaux qui assure la formation des équipages. Enfin, à Bricy, près d'Orléans, est installé le Groupe de Maintien en Conditions Opérationnelles (GMCO) qui veille à la disponibilité des appareils.

Budget et besoins opérationnels entrainent des mouvements réguliers des machines au regard de leurs affectations sur les bases, même si les SAG d'outre-mer sont moins affectés au regard de la distance avec la Métropole.

Appareils/*aircraft* :

EC 145 : 9008 F-MJBA, 9014 F-MJBB, 9018 F-MJBC, 9019 F-MJBD, 9025 F-MJBE, 9035 F-MJBF, 9036 F-MJBG, 9037 F-MJBH, 9113 F-MJBM, 9124 F-MJBO, 9127 F-MJBI, 9140 F-MJBJ, 9162 F-MJBK, 9169 F-MJBR, 9173 F-MJBT.

The SAG covers a wide range of missions from law enforcement to SAR and EMS. All of the Gendarmes' helicopters are fitted with a rescue hoist on the right-hand side (even for mountain rescue), a NVG-compatible avionics with dynamic mapping, speakers, and a modular cabin with stainless steel flooring. Lateral web seats can be fitted to seat ten, and EMS equipment can be installed for medical flights should the usual rescue helicopters be unavailable. They can also accommodate the SX-16 searchlight, and a MX-15i electro-optical turret. Opposite to the hoist, a rappelling arm can be bracketed for special forces support.

Using the callsign "Choucas" (jackdaw), these helicopters are used to secure major events like G8 submits, or the D-day celebrations in June 2014. However, headlines are more often made by the PGMH mountain rescue teams in regard to their extreme missions. The Germanwings crash on March 24th, 2015 is a good example with no less than three EC 145s in support of the forensic effort (JBG, JBD and JBJ) Let us not forget the Guyana detachment operating in the most illegal-traffic ridden French department, leading the Gendarmes to experiment with authorized use of force (AUF) using a neutralization rifle on a custom-designed mount.

The Gendarmerie air branch is organized in aerial sections (SAG) and aerial detachments (DAG), SAGs being a command level in charge of staffing and maintaining the assets that overlook the DAGs. All SAGs are attached to the Central Air Gendarmerie Command (GCFAG) headquartered at Villacoublay AB near Paris. Training is performed by the flight safety instruction group (GISV) based at Cazaux in Southern France, with maintenance under the responsibility of the operational maintenance group (GCMO) at Bricy AB near Orleans. Of course, the national distribution of the EC 145s at their operational bases will vary depending on their availability.

© Jean-Yves Stollesteiner

© Collection Laurent Gucciardi

© Airbus Helicopters - Anthony Pecchi

Globalement, les quinze EC 145 biturbines (âge moyen 10 ans début 2015) opèrent essentiellement dans les unités de montagne de métropole et d'outre-mer (huit unités), à Villacoublay au profit des unités des forces d'intervention GIGN et RAID (deux unités) et en Guyane (une unité). Un appareil est affecté au Groupement Instruction pour assurer les formations des équipages. Trois appareils sont affectés à la maintenance nationale et assurent le remplacement des appareils indisponibles. La constitution de cette flotte a été réalisée en deux temps : huit appareils ont été commandés en 1999 et sept en 2006. Les quatre dernières livraisons ont été effectuées en 2008.

© Xavier Capy

Pilote d'EC 145 dans la Gendarmerie Nationale :
Laurent «Gus» Gucciardi

« Alors que je débutais ma carrière dans la Gendarmerie Nationale, je rêvais déjà de devenir pilote en haute montagne. J'avais la chance d'être dans une unité du centre de la France sur AS 350 et de travailler dans le massif central. Un tremplin pour accéder à la qualification de haute montagne. À cette époque, les Alouette III n'avaient plus rien à démontrer de leur efficacité. Des dizaines d'années de bons et loyaux services et des milliers d'opérations de secours menées à bien. Tous les pilotes connaissaient dans les moindres détails les réactions de telle ou telle machine, et les méthodes de travail étaient ancrées dans les réflexes de tous.

L'arrivée des EC 145 a provoqué une véritable révolution. Tout d'abord par la sophistication de son environnement. Passer d'un système analogique à un « full glass cockpit » semble aisé, mais cela nécessite de revoir totalement ses habitudes de balayage instrumental. Soit une perte de temps conséquente et du même coup une charge de travail supplémentaire. Opérer sur un bimoteur comme l'EC 145 révolutionnait également la puissance disponible, en augmentant d'une façon sans égale la rapidité d'intervention. Autant de puissance conjuguée à un rotor aussi efficace permettait notamment d'atteindre beaucoup plus rapidement de hautes altitudes en ligne presque droite, là où il fallait faire parfois plusieurs cercles en Alouette III pour le même résultat. La capacité d'emport et la place disponible à bord a également révolutionné le monde du secours en montagne et je ne parle même pas des capacités du treuil !

© Laurent Garot

The EC 145 with the French Gendarmerie
By Laurent « Gus » Gucciardi

"As I started my service life with the Gendarmerie, I was already dreaming to be a mountain pilot. I was lucky to be stationed in central France with a detachment flying AS 350s and covering the Massif Central volcanos. This was a good start for mountain-flying certification. At this time, the Alouette IIIs had nothing to prove after decades of good service and thousands of rescue sorties without a glitch. All the pilots knew each machine intimately and had the working processes on the tip of their fingers.

The arrival of the EC 145 turned into a real revolution! First of all because of its highly sophisticated cockpit layout. Changing from an analog cockpit to a full glass cockpit could seem easy, but it takes a complete reeducation of the panel visual screening routine requiring more time and additional workload. On the other hand, flying a twin-engine helicopter like the EC 145 brought us much more power that considerably accelerated our reaction time. So much power paired with the gross output of the rotor system allowed us to fly to high altitude much quicker and almost in a straight line, when it would take endless spiraling for the same result in the Alouette III. The higher payload and the internal cabin space also revolutionized mountain rescue, not even mentioning the hoist capacity!

The Alouette could accommodate a pilot, a flight engineer in charge of the hoist, two medics, a doctor and the casualty, all with the basic minimum in terms of medical equipment. Needless to say some sorties were rather epic when we all had to pile in the cramped cabin!

© Eurocopter

Dans l'Alouette III nous pouvions mettre un pilote, un mécanicien de bord treuilliste (MBO), deux secouristes, un médecin et une victime. Tout ceci avec le matériel nécessaire mais uniquement indispensable. Autant dire que certains secours étaient épiques et qu'il fallait savoir se faire tout petit pour entasser tout ce beau monde dans la cabine !

L'EC 145 a permis à nos secouristes de se passer de leurs talents de contorsionnistes et leur a offert une place suffisante pour prodiguer des soins plus efficaces dans un environnement plus adapté. L'EC145 a très largement fait progresser le secours en montagne. Par sa rapidité, sa fiabilité, son incroyable taux de montée, par la longueur, la rapidité et la puissance du treuil (utilisé dans au moins 60% des interventions).

Le gros changement est également intervenu dans la versatilité des missions. Comparativement à l'AS 350 et l'EC 135 qui sont spécialisés dans les missions de surveillance ou de police judiciaire, l'EC145 est très facilement «équipable» d'un phare de recherche, de jumelles de vison nocturne, d'une caméra, de cordes de rappel ou autre. Passer du mode secours au mode police judiciaire ou intervention avec GIGN est devenu simple et quasi immédiat, permettant ainsi de remplir pleinement tout l'éventail des missions destinées à la Gendarmerie Nationale.

La capacité d'emport et l'agilité de cet appareil sont pour moi ses meilleurs atouts (mais pas les seuls). En janvier 2007, alors que je me trouvais sur l'ile de la Réunion, le volcan est entré en éruption peu après la réouverture de l'accès à son sommet. Lorsque nous avons reçu la demande d'évacuation par la préfecture, environ deux cents personnes se trouvaient au volcan. En temps normal et avec de bonnes jambes, il faut approximativement 3 à 4h pour rejoindre la zone sécurisée du parking à partir du sommet. Le délai estimé entre l'appel et l'éruption était d'une heure ce qui ne nous laissait pas énormément de temps pour intervenir.

Il nous a fallut rejoindre le volcan au sud de l'ile en partant de la pointe nord, puis alerter par hauts parleurs les randonneurs de faire demi tour pour se mettre en sécurité. Enfin nous avons procédé à l'évacuation de plus de quatre-vingts personnes avant le début de l'éruption. Tout ceci nous a pris en tout un peu plus d'une heure… Là où il en aurait fallu au moins trois avec une Alouette III. Dans ce cas-ci, la rapidité et la capacité d'emport de la machine a sans aucun doute fait toute la différence !

© David Rastouille

L'EC 145 est maintenant en service depuis plus de douze ans et a très largement fait ses preuves. De tous les pilotes ayant connu l'époque de l'Alouette III, je gage qu'aucun d'eux ne reviendrait en arrière ! »

The EC 145 allowed our medics to stop their contortions and become more efficient when attending their patient in a more practical environment. It represents a true improvement for mountain rescue thanks to its speed, its reliability, its climbing rate, its size and its powerful hoist that has been used in no less than 60% of the rescue sorties.

One major change was this new mission versatility. Compared with an AS 350 or an EC 135, that are more dedicated to surveillance or pure police work, the EC 145 can easily be fitted with a search light, a camera, NVGs, rappelling posts, or any other mission equipment that allows it to be shifted from the rescue role to SWAT support or law enforcement. This covers absolutely any mission expected from the Gendarmerie.

For me, the payload and agility are its most attractive features, but they are certainly not the only ones. In January 2007, as I was stationed on Reunion Island, the volcano erupted soon after the trails were opened to hikers. When the Prefecture ordered us to evacuate everybody around, there were some two hundred people remaining on the volcano. In normal time, a fit person needs 3 to 4 hours to climb down to the secured area from the top. The estimated time between the call and the coming eruption was about an hour, giving us very little margin for action.

© Xavier Capy

We had to fly to the volcano, which was located on the southern part of the island after taking off from the north, and then address the hikers with our loudspeakers to tell them to run to the safe areas. Lastly, we evacuated some eighty people before the eruption. It took us a bit more than an hour, when it would have taken at least 3 with our old Alouette III. Speed and payload capacity really made the difference here!

The EC 145 has now been flying for over twelve years and it has proven its worth. I am pretty sure that no former Alouette III pilots I know would ever convert back!"

© Ministerio de Comunicacion de Bolivia

Fuerza Aerea Boliviana

La FAB a acheté ses deux premiers EC 145 en octobre 2011 auxquels s'ajoutèrent deux autres machines achetées début mars 2014 par le gouvernement d'Evo Morales. Ces hélicoptères sont destinés à des missions de transport, sécurité et de service public. Le second contrat, d'une valeur de 24,7 M$, est la conséquence d'importantes inondations qui ont frappé le pays au début de l'année 2014 faisant d'importants dégâts en sus d'une soixantaine de morts.

Ces hélicoptères sont mis en service par le *Grupo Aéreo de Búsqueda y Salvamentos* 51 (GA51) basé à Cochabamba. Ils peuvent être équipés de projecteur SX-16 Nightsun et de FLIR MX-15HDi pour les missions nocturnes.

Fuerza Aerea Boliviana

The Bolivian air force purchased its first two EC 145s in October 2011, followed by another two bought in March 2014 by President Evo Morales' government. These helicopters are used for VIP transport, public safety duties, and law enforcement. The 2014 $24.7 million contract was signed in the wake of terrible floods that plagued the country during early 2014, creating major property damages and about sixty fatalities.

The helicopters are in service with the 51st SAR Air Group (GA51) based at Cochabamba. They are fitted with SX-16 NiteSun search light, and a MX-15HDi electro-optical turret for night missions.

Appareils/*aircraft* :

EC 145 : 9517 FAB-003 (VIP), 9562 FAB-004, 9655 FAB-006, 9676 ? FAB-007.

Fuerzas de Defensa de Panamá

Un unique EC 145 volerait avec le 2° *Escuadrón Aéreo* "Cazador" de la FAP depuis 2009. Il serait basé à l'aéroport international de Tucumen et aurait été offert par le gouvernement américain pour lutter contre les trafics de drogues autour de la zone du Canal de Panama.

Fuerzas de Defensa de Panamá

The 2nd Air Squadron of the Panama defense forces, the "Cazador", has been using a single EC 145 since 2009. This helicopter is based at Tucumen International Airport and would have been offered by the US government for anti-narcotics operations around the Canal Zone.

Appareils/*aircraft* :

EC 145 : 9192 SAN-136.

Gendarmerie Royale Marocaine

Deux EC 145 ont été livrés à la GRM le 25 août 2010 pour compléter la flotte d'hélicoptères en dotation. Ces machines sont équipées de coupe-câbles, d'un radar météo, de kits de flottabilité, d'un projecteur de recherche et d'un treuil fixé sur la porte gauche.

Parmi les missions principales de ces deux hélicoptères se trouvent le maintien de l'ordre, l'évacuation sanitaire, la recherche et le sauvetage et le transport VIP. Ils sont basés à Rabat-Salé avec les autres aéronefs de la GRM. L'un d'eux s'est crashé le 8 février 2015 dans la montagne du Toubkal.

Royal Morrocan Gendarmerie

Two EC 145s were delivered to the RMG on August 25, 2010 to complement their large helicopter fleet. Both have cable-cutters, weather radar, flotation gear, searchlight, and rescue hoist on the left-hand side.

They are tasked with law enforcement, medical flights, SAR, and VIP transport from their base at Rabat-Salé air base. One of them crashed in the Toubkal mountains on February 8, 2015.

Appareils/*aircraft* :

EC 145 : 9344 CN-BZE, 9369 CN-BZF.

©Jerry Gunner

© Eurocopter - Eric Raz

Namibian Police Air-Wing Division

Premier utilisateur subsaharien de l'EC 145, la Namibie utilise le msn 9533 depuis le 29 octobre 2012 au service de la police nationale (NAMPOL) depuis sa base d'Eros Airport. Il avait été livré le 20 septembre lors du salon Africa Aerospace and Defense (AAD) qui se tenait à Waterkloof AFB en Afrique du Sud, moyennant un contrat de 80 millions de dollars namibiens (6,7 millions USD).

Destiné à renforcer les AS 350 B3 Écureuil, cet hélicoptère multi-missions est chargé de la recherche et du sauvetage, du transport médicalisé et de diverses missions de service et de sécurité publiques dans un pays aux conditions extrêmes. Il est doté d'une avionique compatible JVN, d'un radar de navigation et de divers équipements de missions selon les besoins.

Namibian Police Air-Wing Division

NAMPOL became the first sub-Saharan EC 145 operator when it received its lone aircraft on August 29, 2012, this to be used for public safety and law enforcement missions from its base at Eros airport. It was formally delivered on September 20, 2012 at the Africa Aerospace and Defense Fair, held at Waterkloof AFB in South Africa, in a NAD 80-million-dollar deal (USD 6.7 million).

This EC 145 is supplementing the lone multi-mission AS 350 B3 for SAR, medical transport, and a wide range of public safety and law enforcement missions that take place in this hot and desolate environment. It is fitted with NVG-compatible avionics, navigation radar, and various other mission equipment.

Appareil/*aircraft* :
EC 145 : 9533 V5-HPB

Service Aérien de la Police Britannique

Le *National Police Air Service* (NPAS) britannique a été institué par le décret du parlement britannique Police Order 2012 le 29 juin 2012. Le but était de rassembler les moyens aériens des polices des comtés britanniques afin d'améliorer la flexibilité et mutualiser les coûts de la flotte de vingt-cinq aéronefs utilisés à partir de vingt-trois bases sur l'ensemble du Royaume-Uni. Cette flotte nationale comprend six EC 145 répartis au sein de trois unités, à savoir la police de Londres (la Met), la police du Devon et de la Cornouailles et la police d'Irlande du Nord.

National Police Air Service (NPAS)

The British National Police Air Service was created by an Act of Parliament effective from June 29, 2012, the "Police Order 2012". Its main purpose is to merge the flying assets of all forty-three British counties to save money and provide additional flexibility to the force. It now places twenty-five aircraft and twenty-three bases under its responsibility.

The national fleet includes six EC 145s initially purchased by the London Met (3), the Devon and Cornwall police (1), and the Police Service of Northern Ireland (2).

© Archives Michael Mau

Direction de la Police Métropolitaine de Londres - Unité de Soutien Aérien

La police de Londres a commandé trois hélicoptères en février 2006 pour des missions de sécurité publique et de soutien aux forces de la police londonienne. Opérateur historique de l'EC 145 au Royaume-Uni, la Met accumule près de 3300 heures de vol par an et ses hélicoptères sont parmi les plus modernes en service pour les missions de maintien de l'ordre.

Equipés d'un FLIR, d'une caméra dotée d'un zoom x1000, de radios tactiques, d'un système de cartographie dynamique, d'un haut-parleur « Sky Shout », d'un lecteur-enregistreur numérique et d'un projecteur Nitesun de 30 millions de bougies, ces hélicoptères peuvent remplir un très grand nombre de missions de police telles que recherche de fugitif, poursuite de véhicule, patrouille et veille aérienne, lutte anti-terroriste,

London Metropolitan Police Authority - Air Support Unit

The London Metropolitan Police has been operating three EC 145s since February 2006 for law enforcement and public safety missions in support of the London Met constabulary. This historic operator accumulates 3,300 flight-hours each year, and its busy helicopters are some of the most modern police helicopters in service in the world.

They are fitted with an EO turret with FLIR, a HD camera with a x1000 zoom lens, tactical radios, dynamic mapping, a "sky shout" public address system, a real-time digital recorder, and a 30-million candlepower NiteSun searchlight. On top of the fixed equipment, an internal package includes digital cameras, stabilized binoculars, a laptop with DVD burner, and constable safety items for on-the-spot arrests. All these items enable the ASU

transport de personnels et de VIP et escorte de déplacements sensibles. Victimes de leur succès, ces machines très sollicitées n'ont un taux de disponibilité que de 67 % du fait que l'une d'elles est toujours en maintenance. L'équipage standard est composé d'un pilote et de deux officiers-observateurs. Ces hélicoptères sont mis en œuvre par la Metropolitan Police Air Support Unit (ASU) composée de vingt-et-un officiers de police.

© Eurocopter

Appareils/*aircraft* :
EC 145: 9075 G-MPSC, 9068 G-MPSB, 9065 G-MPSA.

crews to perform a wide range of police missions like fugitive tracking, vehicle chasing, aerial patrol, K-9 support, counter terrorism, transport and sensitive escort for officials and VIPs.

The helicopters are crewed by one IFR and NVG-certified pilot and two officers acting as on-board observers. They are much in demand because of their average 67% availability, with one helicopter usually undergoing maintenance at any given time. The Met Air Support Unit is staffed with 21 police officers, and the MET has joined the NPAS in October 2014 with their helicopters using the call sign "Police 25x".

Service Aérien de la Police d'Irlande du Nord (Seirbhís Póilíneachta Thuaisceart Éireann)

Le premier EC 145 de la police d'Irlande du Nord a été livré en 2010 et a été mis en service avec l'indicatif « Police 45 » aux côtés d'un EC 135. Ce service aérien, l'un des plus actifs du monde selon son commandant, l'Assistant Chief Constable Drew Harris, est omniprésent au service la police de ce territoire sensible du Royaume Uni, avec caméra thermique, projecteur et transmission de données en temps réel.

Un second EC 145 est venu rejoindre les rangs de cette force en juillet 2013, indicatif « Police 443 » (le premier est donc devenu « Police 442 »), afin de renforcer le soutien aux unités terrestres. Tous les appareils de l'ASU nord-irlandaise sont basés à Belfast-Aldergrove.

© PSNI

Police Service of Northern Ireland Air Support Unit (Seirbhís Póilíneachta Thuaisceart Éireann)

The first Northern Ireland police EC 145 was delivered in 2010, along with an EC 135, and started operations under the call sign "Police 45 ". The police air service, one of the world's busiest according to its boss, Assistant Chief Constable Drew Harris, is available around the clock to support the police forces of this sensitive British territory using infrared cameras, searchlight, and real-time data link.

© PSNI

A second EC 145 was purchased in July 2013, call sign "Police 443" (the first then became "Police 442"), to reinforce the activity from the ASU base at Belfast-Aldergrove airport.

Appareils/*aircraft* :
EC 145 : 9296 G-PSNO, 9488 G-PSNR.

Service Aérien de la Police du Devon et de la Cornouailles

Intégrée depuis le 3 juillet 2013 dans le nouveau service aérien de police national britannique (NPAS), la branche aérienne de la police du Devon et de la Cornouailles dispose d'un unique EC 145, indicatif « Police 9 », basé à Exeter depuis avril 2010.

Passant d'une organisation locale à nationale, cet hélicoptère est mis en œuvre par la NPAS au sein d'un dispositif qui couvre les quarante-trois districts anglais mais il est toujours au service des besoins des deux régions de la pointe sud-ouest du pays. Avec quelque 1 500 interventions annuelles, cet hélicoptère, très similaire à ceux de la Met, est un auxiliaire indispensable au regard de sa capacité de recherche, cet « œil dans le ciel » étant près de 40 fois plus rapide que les agents au sol !

Devon and Cornwall Air Operations Unit

The Exeter DCAOU and its EC 145 was integrated into the new NPAS on July 3, 2013, a year after this national command was instaured.

Also called NPAS Exeter, the DCAOU has been flying its single EC 145 since April 2010, call sign "Police 9". This helicopter is based at the Exeter airport to cover the two south-western counties. With an average of 1,500 yearly sorties, this "eye in the sky" is forty times faster than agents on the ground, and is fitted with similar equipment to those of the Met aircraft.

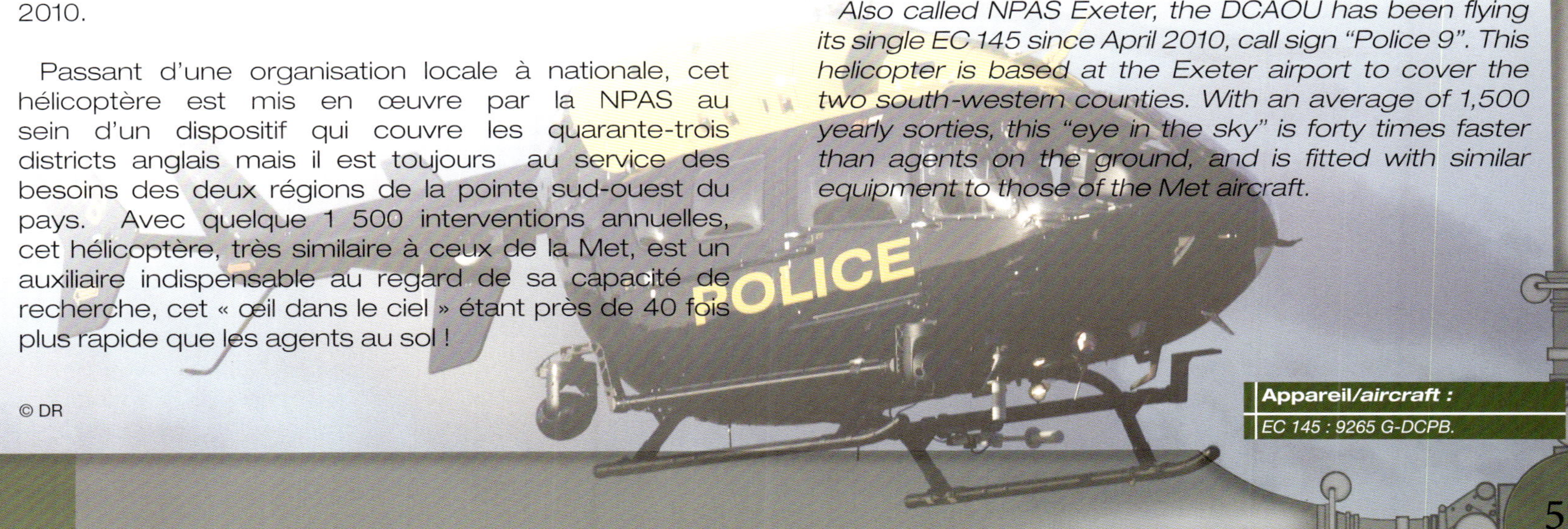

© DR

Appareil/*aircraft* :
EC 145 : 9265 G-DCPB.

Polícia Civil do Brasil

La police de Fortaleza a reçu le premier de trois EC 145 le 20 juin 2013 pour servir avec la *Coordenadoria Integrada de Operações Aéreas* du gouvernement de l'État du Ceará (CIOPAER, coordination intégrée des opérations aériennes).

Ces hélicoptères sont utilisés pour des patrouilles de surveillance urbaine, le transport médicalisé, le soutien aux missions de sécurité publique et le secours aérien. La présence de rétroviseurs inférieurs indique que ces machines peuvent aussi service au transport de charges sous élingue incluant un « *bambi bucket* » pour la lutte contre les feux.

Ce contrat pour les trois hélicoptères a été signé en août 2012 avec la société allemande MLW Intermed, moyennant 66 millions de Reals, selon le portail « transparence » de l'État. Le marché, publié au Journal officiel, ne mentionne pas les hélicoptères, mais parle « d'équipements techniques et scientifiques et des instruments pour l'éducation ». Cependant, un an après leur livraison, les voilures tournantes du CIOPAER avaient effectué pas moins de 182 missions de service public au profit des autorités de l'État du Ceará.

Polícia Civil do Brasil

The Fortaleza police service received its first of three EC 145s on June 20, 2013, to be commissioned with the State of Ceará Coordenadoria Integrada de Operações Aéreas *(CIOPAER for air operations integrated coordination). All three helicopters are used for urban patrol, medical transport, law enforcement and aerial rescue. Rearview mirrors indicate that they can also be used for slung loads and fire-fighting with a "bambi bucket".*

The BRL 66-million-contract was signed in August 2012 with the German company MLW Intermed for "technical and scientific equipment and educational tools". However, over a year after they were delivered, CIOPAER's helicopters had performed 182 public support sorties for the State of Ceará.

Appareils/*aircraft* :
EC 145 : 9547 PR-EKN / 06, 9609 PR-EES / 07, 9621 PR-GCG / 08.

© CIOPAer

© CIOPAer

Polícia Militar do Brasil

Le premier EC 145 gouvernemental mis en service au Brésil fut le msn 9409 incorporé à la police militaire de l'État du Maranhão en décembre 2010. Utilisé par le *Grupo Tático Aéreo da Secretaria de Segurança do Maranhão* (GTA) basé à São Luís, cet hélicoptère est dévolu aux missions de service public et de soutien aux forces de police de l'État. Il sert donc au transport de personnels (avec possibilité d'intervention rapide en rappel), contrôle de foules, lutte anti-incendie en milieu urbain ou forestier et secours et sauvetage (SAR).

© PilotoPolicial.com.br

Polícia Militar do Brasil

The first EC 145 commissioned in Brazilian official service was msn 9409 purchased in December 2010 by the military police Grupo Tático Aéreo da Secretaria de Segurança do Maranhão *(GTA) of the State of Maranhão. Based at São Luís, this helicopter is used for law enforcement and public safety missions that include transport, crowd control, special forces support, fire-fighting, SAR and HEMS. This EC 145 has cable-cutters, IBFs on the engine intakes, a rescue hoist, an EO turret with FLIR, and a searchlight. Up to two litters can be installed internally for EMS flights with medical attendants.*

© Helibras

L'hélicoptère est doté de coupe-câbles et de filtres à particules sur les entrées d'air et peut être équipé d'un treuil, d'un FLIR, d'un projecteur. Pour les vols EMS, il peut également recevoir deux civières avec personnel médical attenant.

Un deuxième EC 145 est en service avec la police militaire de l'État de Bahia depuis mi-décembre 2012. Il est mis en œuvre par le *Grupamento Áereo da Polícia Militar da Bahia* (GRAer) et remplit les mêmes missions que celui du Maranhão, avec des équipements similaires. Il est basé à Salvador de Bahia, sur l'aéroport international.

Enfin, un troisième EC 145 a été affecté à la police de l'État de Rio de Janeiro et livré par Helibras le 14 avril 2015 au *Secretaria de Segurança Pública do Rio de Janeiro* (SSP-RJ). Ses équipements de missions de sécurité publique comprennent un treuil, un projecteur, une boule optronique avec caméra infrarouge et enregistreur numérique, système de télétransmission en temps réel et des radios tactiques.

Appareils/*aircraft* :
EC 145 : 9409 PR-MRH / 01 (GTA), 9538 PR-KPM / 9 (GRAer), 9642 PR-PMR / 9 .(SPRJ)

Policía Nacional del Perú (PNP)

Quatre EC 145 ont été achetés par le ministère péruvien de l'intérieur pour des missions de sécurité publique, moyennant un contrat de 36 M$. Le premier hélicoptère a été reçu le 5 novembre 2013 et les trois suivants livrés avant la fin de l'année. Ces machines sont équipées de caméras haute-définition et de projecteurs pour les missions nocturnes. Un cinquième a été acquis lors du FIDAE 2014.

Ils servent principalement aux missions de police mais aussi au secours, à l'évacuation sanitaire, au transport et au service public.

A second EC 145 has been in service with the State of Bahia military police since December 2012, this being operated by the Grupamento Áereo da Polícia Militar da Bahia *(GRAer) with a similar mission equipment package to that of Maranhão's. It is based at Salvador de Bahia International Airport.*

© DR

Lastly, a third EC 145 has been delivered on April 14th, 2015 to the Secretaria de Segurança Pública do Rio de Janeiro *(SSP-RJ) for public safety and law enforcement missions. Its mission equipment include an EO turret with IR camera and digital recorder, a search light, a live transmission console, tactical radios and a rescue hoist.*

Policía Nacional del Perú (PNP)

Four law enforcement EC 145s have been purchased by the Peruvian Ministry of Interior in a $36-million deal. The first helicopter arrived in Lima on November 5, 2013, with the next three arriving a few weeks later. All are fitted with high-definition cameras and a searchlight for night flights. A fifth helicopter was purchased during the 2014 FIDAE fair.

They are used mainly for police work, but they can also perform rescue, SAR, medevac, and any sort of public safety mission.

© Ministerio del Interior del Perú- Ruben Grandez

Appareils/*aircraft* :

EC 145 : 9616 PNP-127, 9619 PNP-128, 9623 PNP-129, 9612 PNP-130, 9655 PNP-131.

© Ministerio del Interior del Perú

© Ministerio del Interior del Perú- Ruben Grandez

République du Kazakhstan

Suite à la signature d'un contrat de coopération industrielle et de distribution signé entre le Eurocopter et Kazakhstan Engineering en 2010, un site d'assemblage a été ouvert à Astana pour la production de quarante-cinq KH-145 destinés au marché local. La nouvelle joint-venture ECKE (Eurocopter Kazakhstan Engineering LPP) est donc chargée de fournir les six premières machines au ministère des situations d'urgence kazakh pour des missions de secours médicalisé et de sauvetage au profit des populations civiles, sur le modèle de la Sécurité Civile française. Les livraisons ont commencé en novembre 2011 avec un premier lot de six machines, suivis de huit autres contractées lors du salon Kadex 2012.

Les KH-145 qui sont en cours de livraison aux forces armées pour des missions de transport, de soutien aux forces spéciales et de recherche et sauvetage sont reconnaissables à leur livrée grise et à leurs codes jaunes à chiffres. À terme, les quarante-cinq hélicoptères doivent équiper divers organes de sécurité publique, de secours d'urgence et des forces armées. Les appareils civils sont reconnaissables à leur livrée blanche avec des marquages haute visibilité (voir p.61).

Republic of Kazakhstan

An industrial cooperation and distribution contract was signed between Eurocopter and Kazakhstan Engineering in 2010 for the production in Astana of forty-five KH-145s. The joint-venture was called ECKE (Eurocopter Kazakhstan Engineering LPP) and is supposed to provide the Kazakh Ministry of Emergency Situations with public EMS/SAR helicopters with light military transport helicopters, very similar to the Sécurité Civile missions in France. Deliveries started in November 2011, with the first procurement of six helicopters that was soon followed by a second formal contract for eight, procured at the Kadex 2012 fair.

KH-145s being delivered to the ministry of defense for light transport, SAR, and special forces support, can be easily recognized by their grey scheme with yellow digits. Civilian aircraft wear a white livery with high visibility cheat lines. (see p.61 top) The whole venture calls for forty-five helicopters to be assembled locally for delivery to local public and military services.

© Alex Golz

© Alex Golz

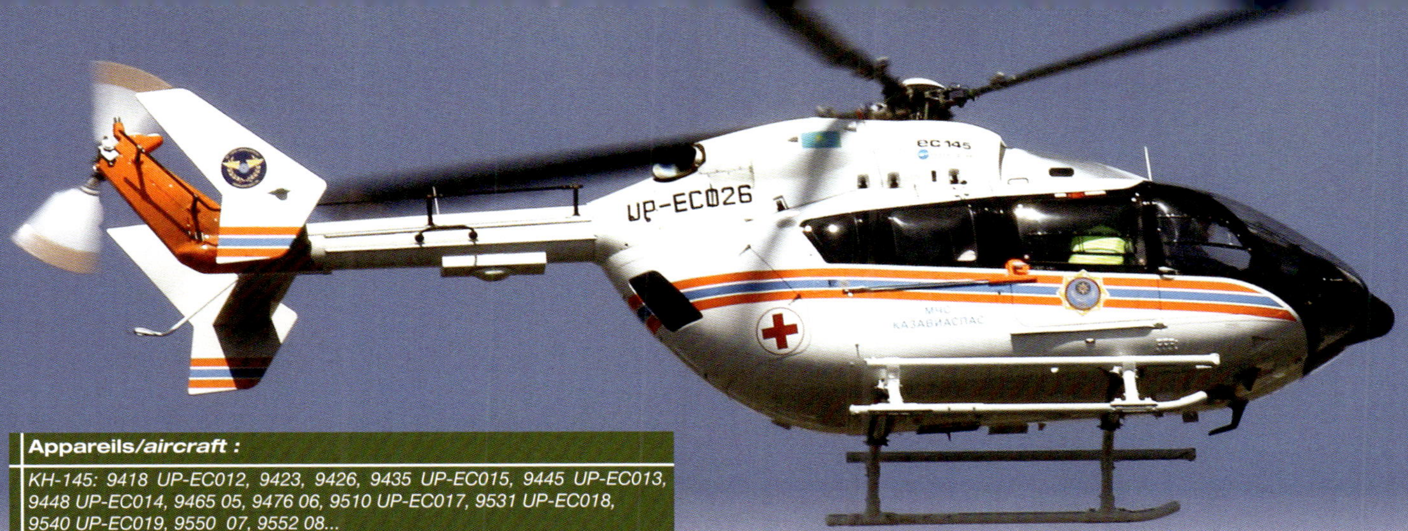

© Alex Golz

Appareils/*aircraft* :

KH-145: 9418 UP-EC012, 9423, 9426, 9435 UP-EC015, 9445 UP-EC013, 9448 UP-EC014, 9465 05, 9476 06, 9510 UP-EC017, 9531 UP-EC018, 9540 UP-EC019, 9550 07, 9552 08...

Police du Comté de Suffolk

Également configurée par la société Metro, cet EC 145 livré en mars 2007 est utilisé par la police du comté de Suffolk sur Long Island pour des transports sanitaires, des missions de recherche en mer et des missions de sécurité publique, incluant le soutien aux unités tactiques de la police. Il est doté d'une boule optronique Wescam MX-15 avec infrarouge, d'un projecteur Spectrolab SX-16, une cartographie dynamique, d'un treuil et d'une barre de rappel pour les forces spéciales.

Opérant en complément de deux AS 350 ASTAR, cet EC 145 est parfois mobilisé par les gardes côtes pour des missions de recherche en mer et d'assistance à la plaisance le long des 260 000 hectares de côtes du comté. Le 4 mars 2015, le comté a acheté un second EC 145 pour remplacer l'un des Écureuil.

Suffolk County Police Department

Also configured by Metro Aviation, this EC 145 was delivered in March 2007 for Long Island's Suffolk County medevac, maritime SAR, police support, and law enforcement duties. It is fitted with a Wescam MX-15 EO turret with FLIR, a Spectrolab SX-16 searchlight, a dynamic moving map, a rescue hoist, and a rappelling arm for SWAT insertion.

The EC 145 supplements a pair of AS 350 B2 ASTAR, and is sometimes called in to help the Coast Guard along the county shores to assist leisure sailors. A second EC 145 was purchased in March 2015 to replace one of the older ASTARs.

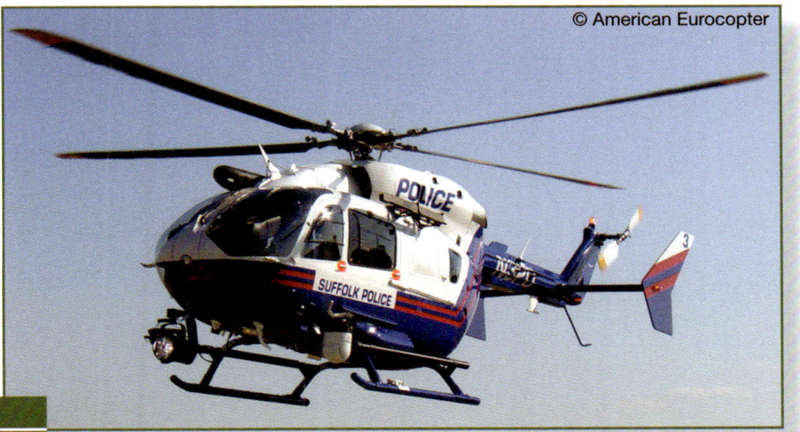

© American Eurocopter

Appareil/*aircraft* :

EC 145 : 9094 N353PD

Forces armées du Turkménistan

Trois EC 145 sont en service au Turkménistan, livrés en 2009 avec une livrée vert olive pour deux d'entre eux et un VIP tout blanc. Les deux premiers serviraient au profit des forces spéciales et de la police et seraient équipés de haut-parleurs, de filtres antisable (IBF) et de coupe-câbles. Le troisième est en configuration transport d'autorités gouvernementales.

Turkmenistan Armed Forces

Turkmenistan has three EC 145s in service since 2009, two of which wear a green paint job for special forces and police support, with the third being white and configured for VIP transport. The green choppers are fitted with speakers, IBF, and cable-cutters.

© Eurocopter

Appareils/*aircraft* :

EC 145 : 9212,9310, 9312

© US Army Europe

United States Army

L'armée de terre américaine a reçu son premier UH-72A le 11 décembre 2006 et l'appareil est toujours en cours de livraison par EADS North America (devenu Airbus Group en 2014). Sélectionné à l'issue de l'appel d'offres pour un nouvel hélicoptère léger de reconnaissance et d'utilité (LUH), il équipe plusieurs unités de l'armée d'active ainsi que de la garde nationale. Le total prévu à la commande était de 322 puis est passé à 345 machines mais les coûts d'achat et d'exploitation de ce modèle le rendent particulièrement attrayant pour les comptables du Congrès qui ont accordé plusieurs rallonges budgétaires. Le dernier contrat en date (validé début février 2015) porte sur 41 UH-72A supplémentaires, montant le total acheté à 411 Lakota dont cinq pour la Navy et six pour la Thaïlande. Au 9 février 2015, 331 Lakota avaient été livrés au Pentagone.

Par ailleurs, la fin de vie annoncée des TH-57 Creek utilisés pour la formation des pilotes de l'Army a remis l'UH-72 sur le devant de la scène et quelque cent cinquante UH-72 pourraient être commandés par l'US Army, en sus des derniers budgétés sur le contrat initial. L'US Army aurait besoin de cent quatre-vingt-sept TH-72A, total qui serait composé en partie de machines déjà livrées et de nouvelles produites. Le 26 mars 2015, le premier Lakota d'entrainement a été livré à Fort Rucker où il a rejoint sept hélicoptères reconfigurés pour cette nouvelle mission.

Si les appareils sont tous sous la même désignation/version, il existe plusieurs kits destinés à les spécialiser selon les besoins exprimés. Ces équipements de mission (MEP) permettent aux Lakota de remplir des missions de patrouille frontalière, de lutte contre les

US Army

This service received its first UH-72A on December 11, 2006 with deliveries from Airbus Helicopters still proceeding as of early March 2015. The model was selected under the LUH bid and is now in service with the active forces, as well as the National Guard in most American states. The initial request for proposal was for 322 helicopters, but this procurement was quickly raised to 345. This total is still increasing in view of the low purchasing and operating costs of this model. In early February 2015, the US Senate announced it had granted financing for another batch of 41 UH-72As, bringing the whole contract to 411 Lakotas. The total also includes five for the US Navy and six ordered for Thailand under the MDAP. As of February 9, 2015, 331 UH-72As had been delivered to the US forces.

Aside from the LUH contract, the US Army has also expressed the need to replace its TH-67 Creek fleet used for Army pilot training, citing figures reaching 150 new helicopters to be procured. The Army has declared that there is a need for up to 187 initial-entry training helicopters, a total to be made up of a mix of already in-service aircraft and new production deliveries. In March, 26, 2015, the first training-configured Lakota off the production line has joined the first seven aircraft retrofitted for this new mission at Fort Rucker.

Whereas all helicopters bear the same designation, the US Army has designed several mission equipment packages (MEP) depending on their requirements. These MEPs allow the type to fill in many roles such as border patrol, anti-narcotic operations, medevac, transport, range support, base protection or Homeland security. The fleet is split between the active Army for one

© Collection Samuel Prétat

trafics, d'évacuation sanitaire, de sécurité intérieure, de transport et liaison ou encore de soutien aux polygones d'essais d'armes ou d'entrainement au combat. La flotte est répartie entre l'US Army d'active avec une centaine de machine et la garde nationale de la plupart des États avec au moins deux cent dix hélicoptères en remplacement des OH-58A/C et UH-1H souvent plus que quarantenaires.

Plusieurs équipements de mission (MEP) ont été définis pour la configuration des machines :
- *Security & Support (S&S)* : ce kit comprend deux écrans tactiles SkyQuest pour les systèmes d'échanges de données, une cartographie dynamique EuroAvionics EuroNav V RN6, un système électro-optique L-3 Wescam MX-15i avec FLIR, un pointeur laser et un système modulaire de vidéo numérique, deux radios RT-5000 multifréquences et un système de communication audio-vidéo pour les échanges en temps réel lors des opérations. Un projecteur Luminator LS16 de 30 million de bougies est installé sur le patin droit. La liaison de données est assurée par un système Sierra Nevada Tactilink Eagle fixé sur le patin gauche. Ces équipements permettent une coordination parfaite avec l'ensemble des forces de sécurité et de secours.

© Archives Michael Mau

- *Air Ambulance (AA)* : deux civières et un treuil Goodrich Corp. 44301 pouvant pivoter à 63° par rapport au fuselage peuvent être installés. Un opérateur de bord et un infirmier sont ajoutés à l'équipage de marche pour ces opérations. L'air conditionné a été demandé et installé en rétrofit sur les premières machines.
- Transport et VIP : La cabine équipée d'air conditionné peut recevoir huit sièges, trois dos à la marche, deux leur faisant face et trois en fond de cabine.
- Soutien de polygones : le kit varie selon le polygone d'affectation, s'il est insulaire ou terrestre. Dans le premier cas, tel sur l'atoll de Kwajalein, les machines sont équipées de flottabilité, de portes éjectables, d'un kit de survie avec radeau et d'un treuil. Pour les polygones terrestres, la machine est allégée au maximum pour le transport de troupes mais peut être équipée pour l'évacuation de blessés ou le déplacement de matériels sous élingue. Tous ces hélicoptères sont généralement reconnaissables à leurs peintures atypiques. Certains sont dotées du système de simulation de combat MILES.

Les kits sont communs à l'ensemble forces terrestres américaines, bien que la S&S soit plus spécifique à la Garde Nationale.

third and the Guard for two thirds to replace their outdated OH-58A/Cs and UH-1H Hueys.

Several Mission Equipment Package have been designed for US Army missions:
- Security & Support (S&S): this kit comprises two SkyQuest tactile screens featuring EuroAvionics EuroNav V RN6 active mapping; an MX-15i EO turret with FLIR, laser pointer, and digital cameras; two RT-5000 multi frequency radios; and a real-time video communication system. Additionally, a 30-million candlepower Luminator LS16 search light is fitted on the right-hand skid, with datalink provided by a Sierra Nevada Tactilink Eagle assembly on the left-hand skid. The package allows perfect coordination with civilian law enforcement services. At least 107 of these kits are due to be installed on Lakotas.
- Air Ambulance (AA): up to two stretchers can be installed internally; and a Goodrich Corp. 44301 hoist is usually installed on the right-hand side of the fuselage. A flight engineer and a medic complete the crew along with the two pilots. Air conditioning has now been retrofitted on the first AA aircraft.
- Transport: the air conditioned cabin can accommodate up to eight passengers on removable seats, three facing backward, two facing front, and another three in the rear facing front.
- Range support: there is no specific MEP as it depends on the missions being assigned to the Lakotas. On the atoll of Kwajalein, the UH-72As are fitted with jettisonable doors, a flotation kit, hoist, and inflatable rescue raft. For ranges like Hohenfeld, where

© US Army

helicopters are used for troop transport, logistics or field medevac, the cabin is only fitted with side web seats. Most of them bear a special paint scheme for the Aggressor role. Some twenty aircraft are used in this role. Some of them are fitted with the MILES combat simulation system.

The mission equipment packages are common to both active and National Guard helicopters but S&S is more a specialty of the Guardsmen for CONUS duties.

© Virgin Islands National Guard

© Utah National Guard

© Colorado National Guard

© California National Guard

© Georgia National Guard

© California National Guard

© Christopher Ebdon

Garde Nationale américaine

Début 2015, plus de quarante États américains ont reçu des Lakota pour remplacer les Bell OH-58 Kiowa et les UH-1 Huey vieillissants, certains d'entre eux ayant été mis en service pendant la guerre du Viêt Nam ! Financés par les budgets des États mais dépendant de l'US Army, les UH-72 se voient attribuer tout type de mission jugée nécessaire par le bureau du gouverneur, permettant en outre de déployer plus facilement les UH-60 Black Hack sur les théâtres extérieurs.

La Garde Nationale utilise ses Lakota dans les mêmes configurations que l'US Army d'active, exception faite du soutien aux polygones qui sont sous le commandement direct de l'Army. Notons une nouvelle mission attribuée aux Lakota par la Garde de Califormie, la coordination des feux de forêt, certains hélicoptères servant d'Air Attack lors des feux de 2014, parés de marquages violets visibles de loin. Le package Sécurité et Soutien trouve son sens dans ce type de combat contre la nature en soutien des services publics de lutte contre les feux.

Cette configuration est également très utilisée pour les patrouilles frontalières avec le service fédéral de garde-frontière (USCBP), les unités de la Garde étant détachées à tour de rôle vers le Sud-Ouest du pays pour lutter contre l'immigration clandestine en provenance du Mexique. La lutte contre les trafics est prédominante pour la Garde puisqu'elle participe activement à plusieurs programmes de lute contre la drogue à travers tout le pays, en soutien des services fédéraux dans le cadre de la sécurité intérieure.

US Navy

Cinq H-72A sont en service à l'US Navy Test Pilot School de Patuxent River. Ces Lakota ont été réceptionnés entre septembre 2009 et janvier 2010 pour remplacer les TH-6B Cayuse utilisés jusque-là. L'USNTPS étant la seule école formant les pilotes d'essais aux USA, ce modèle est un progrès considérable et le choix de la machine engage l'US Army dans ce programme, en temps que principal utilisateur aux USA. L'objectif du programme est de former les pilotes d'essais chargés de tester les futures acquisitions du département de la défence. À noter que le U (pour Utility) a disparu de la désignation navale.

Army National Guard

By early 2015, over forty states had received Lakotas to replace their old Bell helicopters to perform the missions requested by the Governors or local Guard commanders. The machines are provided by the Pentagon, but they are crewed by local servicemen with the main purpose being to keep a high stateside capability while the battle-configured UH-60s are deployed overseas.

The Guard has the same Lakotas as the Army, but has allotted them new missions. For example, the California Guard is now using its S&S Lakotas in the fire-fighting air attack role, like during the 2014 fires plaguing the Western state. The Lakotas were adorned with purple high visibility markings for quick identification. The S&S MEP is perfect to allow the fire on-scene commander to communicate with a wide range of services, giving that commander a clear picture of the fire progress.

The S&S MEP is also used for border patrol in support of US Customs and Border Patrol agents, with Guard units taking turns to contain illegal immigration from Mexico. The Guard S&S aircraft are also much sought after by local and federal authorities for anti-narcotics and Homeland security missions. The Army has purchased an ARC-231 radio package to be progressively installed on their Lakotas for better tactical communications.

US Navy

Five H-72As were purchased by the US Navy Test Pilot School at Patuxent River, MD. These naval Lakotas were delivered between September 2009 and January 2010 to replace the old TH-6B Cayuses then in use. The USNTPS is the only school in the US training rotary-wing test pilots, and this choice is welcome to support the US Army request for the coming replacement of their TH-67 Creeks. The program at USNTPS is aimed at educating the pilots who will be in charge of integrating the future helicopter procurements into the US services. You may notice that the US Navy has removed the U (for Utility) in the designation.

US Navy Appareils/*aircraft* :
H-72A : 9256 BuNo 168245 / 70, 9269 BuNo 168246 / 71, 9270 BuNo 168247 / 72, 9272 BuNo 168248 / 73, 9290 BuNo 168249 / 74

© NAVAIR

Service Lituaniens des Gardes-Frontières (Valstybes Sienos Apsaugos Tarnyba)

Aidée par un financement de l'Union Européenne, la Lituanie a modernisé sa flotte garde-frontière en incorporant notamment un EC 145 en 2006, aux côtés d'EC 135 et d'EC 120 du même constructeur. Équipé d'un FLIR et d'un projecteur, cet appareil sert au transport et à la surveillance des frontières. Il peut également être équipé d'un kit EMS fourni par la société autrichienne Air Ambulance Technology, avec jusqu'à deux civières, un module d'équipements médicalisés et des sièges pour les secouristes embarqués.

Accessoirement, il peut également prendre un « *bambi bucket* » sous élingue pour des missions anti-incendies. Les aéronefs du VSAT opèrent en coopération avec les autres services de l'État tels que les douanes, les pompiers, la police ou les forces armées.

Lithuanian Border Guard Corps (Valstybes Sienos Apsaugos Tarnyba)

With the financial help of the European Union in 2006, Lithuania has modernized its border guard fleet incorporating an EC 145 (along with an EC 135 and an EC 120). This helicopter is used for border patrol, transport and EMS, with mission equipment such as an EO turret with FLIR, a searchlight, and an Austrian Air Ambulance Technology HEMS kit allowing medevac of up to two patients with attendants.

A slung "bambi bucket" can also be used to fight bush fires under the authority of the local fire brigade. VSAT aircraft can be called to assist any public service like Customs, police, armed forces or fire brigade.

© DR

Appareil/*aircraft* :
EC 145 : 9104 LY-HCF

Police de l'État de Virginie

La Police Aviation Unit (PAU) basée à Abingdon en Virginie dispose d'un EC 145 qui est destiné aux vols médicaux d'urgence, avec deux civières et trois médecins/infirmiers. En mission secondaire, il sert aussi à des missions police et de sécurité publique pour la police d'État. Équipé par la société Metro (voir chapitre EMS), il a été reçu le 19 août 2011 moyennant un contrat de 7 M$. Cette machine peut être dotée d'un projecteur SX-16 Nitesun de 40 millions de bougies avec la possibilité d'emporter plusieurs officiers de police pour tout type de mission au profit des autorités de l'Etat.

Virginia State Police

The State of Virginia Police Aviation Unit (PAU) has been flying a single EC 145 since 2011 from its base at Abingdon. This aircraft is mainly used for EMS, carrying up to two stretchers and two or three medical attendants. Its secondary missions include law enforcement and public safety. The helicopter was commissioned on August 19, 2011 in a $7 million deal after being fitted out by Metro Aviation. Its mission equipment include a 40-million candlepower SX-16 searchlight, and seating for several state troopers for police works.

Appareil/*aircraft* :
EC 145: 9384 N39VA

© Archives Michael Mau

© Alexander Lutz

COMMANDES, PROPECTS & DÉMONSTRATEURS

Landespolizei Baden Württemberg

Premier client de la version « maintien de l'ordre » de l'EC 145 T2 avec six machines commandées en décembre 2013, la police du Bade-Wurtemberg va renouveler sa flotte avec un unique modèle plus polyvalent. Ces hélicoptères multirôles seront basés à Stuttgart et dotés de plusieurs équipements de surveillance et de sécurité publique tels des FLIR, des caméras avec transmission d'images HD en temps réel et un projecteur. Ils remplaceront des EC 155 Dauphin et des MD902 Explorer.

Landespolizei Nordrhein-Westfalen

La police de Rhénanie du Nord-Westphalie a commandé six EC 145 T2 à Airbus Helicopters fin 2014, devenant le deuxième client de ce modèle pour les missions de maintien de l'ordre. Ces hélicoptères sont livrables en 2016 et 2017 pour servir la police du Land le plus peuplé d'Allemagne au départ des bases de Cologne, Düsseldorf, Dortmund et Essen. Ils remplaceront les EC 155 Dauphin et les BK 117 encore en service en 2014.

Bundeswehr - Kommando Spezialkräfte

Le 12 juillet 2013, le commandement des forces spéciales allemandes dépendant de la Bundeswehr a passé commande de quinze EC 645 T2, version militaire équipée d'un fenestron de l'EC 145 pour une valeur globale de 194 millions d'Euros. Ces appareils sont livrables entre fin 2015 et mi-2017 et seront dotés d'équipements de missions propres aux opérations spéciales (treuil, FLIR, projecteurs, barres de rappel, patins longs, radios tactiques…)

ORDERS, PROSPECTS & DEMONSTRATORS

Landespolizei Baden Württemberg

The first public safety operator to place an order for six EC 145 T2s in December 2013, the Bade-Württemberg police thus renewed its fleet with one single type. These multirole helicopters will be based in Stuttgart and fitted with a large range of surveillance and police mission equipment, such as a search light and electro-optical/infrared sensors with real time datalink for digital camera images. They will replace EC 155 Dauphins and MD902 Explorers.

Landespolizei Nordrhein-Westfalen

Another six EC 145 T2s were ordered from Airbus Helicopters for police duties, this time by the North Rhine-Westphalia forces. Ordered in December 2014 these helicopters will be delivered in 2016 and 2017 to serve the most populated German area from their Cologne, Düsseldorf, Dortmund, and Essen bases. They will replace EC 155s and BK 117s.

Bundeswehr - Kommando Spezialkräfte

On July 12, 2013 the German Army Special Forces Command placed an order for fifteen EC 645 T2s in a contract worth € 194M. These highly customized helicopters will be delivered between late 2015 and mid-2017, with these examples being fitted with a hoist, FLIR, search light, rappelling arms, as well as long skids to cope with KSK specific missions.

© Alexander Lutz

Armée Royale Thaïlandaise

L'armée thaïlandaise prévoit l'achat de six UH-72A fabriqués aux États-Unis pour équiper ses forces terrestres. Le contrat d'un montant de 34M$ a été annoncé le 28 mars 2014 et les livraisons sont prévues de commencer en avril 2015 pour des machines de transport tactique. Ces hélicoptères sont des UH-72A produits pour l'US Army et transférés à la Thaïlande dans le cadre du programme d'assistance militaire (MDAP). Les premiers pilotes ont été formés au Texas et déclarés opérationnels en mars 2015. Neuf autres Lakota pourraient être achetés selon les mêmes termes.

En outre, le 23 février 2015, la RTA a passé commande de six EC 145 T2 configurés VIP pour le transport de personnalités, livraisons à compter de 2016.

Royal Thai Army

The Royal Thai Army is planning to receive six UH-72As manufactured in the USA for its ground forces to conduct transport and liaison duties. The $ 34M contract was announced on March 28, 2014, with deliveries then scheduled to start on April 2015. These helicopters are UH-72As first delivered to the US Army, and then transferred to the Thai army under the terms of the Military Defense Assistance Program (MDAP). The first crews completed their training in Texas in March 2015, and another nine aircraft could be transferred in the future under the same terms.

Additionally, on February 23, 2015 the RTA placed a second order, this time for six EC 145 T2s for VIP transport duties. Deliveries are expected to start during 2016.

Marine Royale Thaïlandaise

Le 22 octobre 2014, l'hélicoptériste européen a annoncé la vente de cinq EC 645 T2 à la marine thaïlandaise, hélicoptères qui seront destinés au transport et au SAR. Entre l'armée et la marine, ce sont donc dix-sept EC 145 qui seront utilisés par les forces armées thaïlandaises à partir de 2015.

Royal Thai Navy

On October 22, 2014 the Airbus group announced the sale of five EC 645 T2s to the naval air arms of the Thai military. The helicopters will be used for transport and SAR duties. In all, from 2015 onward, the Royal Thai Forces will operate seventeen EC 145s in three versions.

Garde Côtière du Canada (GCC)

L'EC 145 T2 aurait fait partie des candidats à l'étude pour le remplacement des Bö 105 de la GCC mais c'est le Bell 429 assemblé localement qui a été retenu pour ce marché, le contrat étant annoncé en octobre 2014 à l'issue d'un appel d'offres controversé.

Canadian Coast Guard (CCG)

The EC 145 T2 had been shortlisted as a potential candidate to replace the Canadian Coast Guard Bö 105s, but instead the service has selected the locally produced Bell 429 for these missions in a procurement order issued in October 2014 after a controversial competition.

Garde Côtière philippine (Hukbong Bantay Dagat ng Pilipinas)

Deux EC 145 auraient été commandés par la garde côtière des Philippines en 2012 pour remplacer deux vieux Bö 105 en service depuis 1976. Ces hélicoptères seraient affectés à des missions de sauvetage et d'assistance maritime mais rien ne semble concrétisé à l'écriture de ces lignes.

Philippine Coast Guard (Hukbong Bantay Dagat ng Pilipinas)

Two EC 145s would have been ordered by the Philippine Coast Guard in 2012 to replace the old Bö 105s in service since 1976. They would be tasked with maritime search and rescue duties, however nothing concrete has emerged so far regarding payment and delivery of these helicopters.

US Air Force

Le *Strategic Air Command* de l'USAF dispose de vingt-cinq UH-1N obsolètes et devant être remplacés pour raisons économiques. L'UH-72 a fait partie des options étudiées par le Pentagone pour remplacer ces bimoteurs par un hélicoptère plus moderne dans un budget restreint. C'est toutefois un lot d'UH-60A de l'US Army convertis en UH-60L qui a été sélectionné pour cette mission.

US Air Force

The USAF Strategic Air Command needed to replace its 25 UH-1Ns used for base security across the continental USA. The Pentagon had shortlisted the UH-72 as a possible candidate for this mission as it was a cheap twin-engine already in production. However, funding has been release for some US Army UH-60A to be converted to UH-60L to replace the old Hueys instead.

© Samuel Prétat

EC 145 EGNOS

L'EC 145 msn 9003 a servi à des essais avec le système EGNOS (pour *European Geostationary Navigation Overlay Service*, complément du GPS européen) à Berchtesgaden en Allemagne. Le concept se présente comme une sorte de vision synthétique qui assiste le pilote dans sa navigation guidé par les satellites du réseau Galileo. Ce pilotage dans un « tunnel virtuel » permet une navigation sécurisée et a été également expérimenté en Suisse (dans le programme HELIOS) où la Rega est très demandeuse d'un système IFR évolué pour la navigation de ses hélicoptères. Le système doit permettre un guidage automatique vers des personnes en attente de sauvetage, un plus non négligeable pour les secours héliportés européens.

© Alexander Lutz

EC 145 EGNOS

Some European Geostationary Navigation Overlay Service (EGNOS) trials were performed at Berchtesgaden, Germany, with EC 145 msn 9003. This European GPS add-on system is based on the Galileo satellite network and provides aircrews with a synthetic-like vision to assist safe IFR navigation. It was tested in Switzerland in the HELIOS program with Rega, as the Swiss operator is much in demand of an advanced IFR navigation system to improve its rescue operations. The system allows automatic guidance to people in distress, a serious improvement for European rescue operations.

WAAS

Le système *Wide Area Augmentation System* est un système américain de guidage GPS en continu y compris dans la phase d'approche IFR de sites d'atterrissage réduits, permettant d'élargir le nombre de zones de poser à des surfaces plus petites, même sous météo défavorable. Les essais ont été menés sur le msn 9005 et les premiers EC 145 livrés avec le WAAS furent les appareils de l'OSF en Illinois.

WAAS

The Wide Area Augmentation System is a US GPS-based guidance system designed at increasing the number of landing areas under IFR, even under adverse weather conditions. This system was tested in the US with EC 145 msn 9005 and was first installed on OSF aircraft.

© Archives Michael Mau

L'EC 145 « radiocommandé »

C'est le 25 avril 2013 qu'Eurocopter a fait voler son EC 145 OPV (*Optionaly Piloted Vehicle*, véhicule avec pilote optionnel) sur la base française d'Istres. Lors d'un vol de 40 minutes, la machine a démontré sa capacité à effectuer des cycles complets (décollage, vol et atterrissage) sans intervention des pilotes restés au sol devant une console. Le démonstrateur msn 9001 immatriculé F-ZWAM était équipé d'une interface spécifique de moins de 100 kilos installée dans l'habitacle, avec un autopilote 4-axes et une avionique améliorée avec système de navigation autonome. Un équipage a suivi le vol « prêt à prendre les commandes » à distance si nécessaire. Ce type de concept proche du drone peut se révéler utile dans le cadre de catastrophes avec risques NBC ou sur des terrains exposés à des menaces directes.

© Eurocopter

OPV EC 145

On April 25, 2013 Airbus Helicopters demonstrated its remotely controlled EC 145 Optionally Piloted Vehicle at Istres in Southern France. During a 40-minute flight the pilotless helicopter demonstrated its capacity to take-off, fly, and to perform a sling task before landing back at Istres. The "crew" supervised this flight from their ground control consoles, all the while ready to take-over the controls if necessary. Airframe msn 9001, registered F-ZWAM, was fitted with a specially designed 4-axes autopilot controlling a 220-pound upgraded avionics package. This drone-type concept can be used for humanitarian disasters comprising a NBC threat, or in a heavy hostile fire environment.

© Eurocopter

© Eurocopter

© Samuel Prétat - 1

© Vermont National Guard - 2

© Samuel Prétat - 3

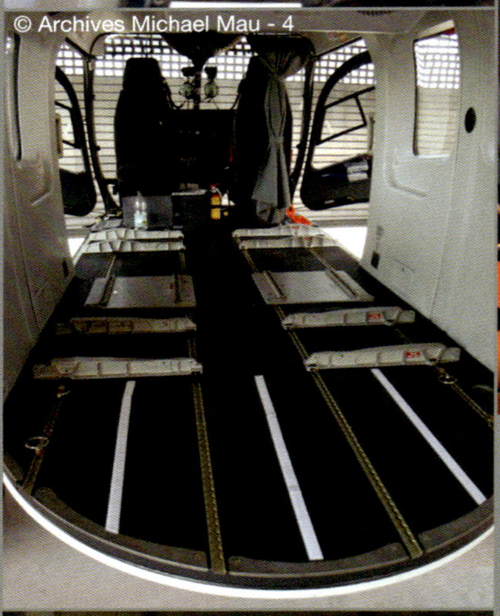
© Archives Michael Mau - 4

© Samuel Prétat - 5

© Samuel Prétat -6

© Archives Michael Mau - 7

© Turboméca - 8

© Samuel Prétat -9

© Samuel Prétat - 10

© Samuel Prétat - 11

© Samuel Prétat - 12

© Samuel Prétat - 13

© US Army - 14

© Samuel Prétat - 15

© Samuel Prétat - 16

© Samuel Prétat - 17

© Archives Michael Mau - 18

PRESENTATION TECHNIQUE EC 145

Cockpit (EC 145) (photos 1-2-3-5)

L'interface de pilotage est certifiée monopilote JAR OPS 3 et est centrée sur une avionique numérique MEGHAS de Thalès Avionics basée sur trois écrans couleur multifonction compatibles JVN. L'avionique inclut un pilote automatique 3-axes, un GPS et un VEMD (Vehicle and Engine Management Display) affichant les paramètres moteurs.

Cabine (4-6-9-28)

La cabine est dépourvue de montants, offrant un volume de 6 m³ sans obstacle pour le déplacement des secouristes ou des troupes embarquées. Les accès se présentent sous la forme de deux portillons avant, pouvant être bloqués en position semi-ouverte afin de dévier le vent relatif quand les portes coulissantes sont ouvertes en vol. Ces dernières coulissent vers l'arrière pour permettre l'embarquement ou l'utilisation du treuil par l'opérateur de bord. Les vitesses sont limitées à 50 nœuds (90 km/h) portes coulissantes ouvertes et à 80 nœuds (150 km/h) portillon semi-ouverts. Deux portes arrière s'ouvrent pour permettre l'accès de la soute rotors tournants.

Moteurs (7-8-10-11-35-38)

Tous les EC 145 et UH-72A utilisent la même motorisation sous la forme de deux turbines Turbomeca Arriel-1E2 développant chacune 550 kW maximum au décollage (748 chevaux) pour entrainer le rotor principal quadripale et le rotor anticouple bipale. Les EC 145 T2 et EC 645 T2 (H145 et H145M) sont motorisés par deux turbines Arriel-2E de 710 kW chacun (898 chevaux) contrôlées par FADEC qui entrainent le rotor quadripale et le Fenestron.

Réservoirs

Les réservoirs standards des EC 145 et UH-72 contiennent 879,1 litres (dont 867,5 utilisables) et 861,6 litres quand ils sont équipés de matériaux auto-obturant (850 litres utilisables). Sur le H145, le réservoir contient un maximum de 915,8 litres dont 903,8 utilisables.

Rotor (13-41)

Tous les EC 145 et H145 ont le même rotor, dont les quatre pales font 11 m de diamètre en rotation. Les pales rigides sont faites de plastique renforcé par de la fibre de carbone et sont boulonnées directement sur la tête de rotor en titane, un ensemble comprenant 20% de pièces en moins qu'un rotor artivculé conventionnel. Les pales ont un profil Onéra OA409/OA407 en bout et OA415/OA312 en pied.

Rotor anti-couple (RAC) (12-15-16)

Le rotor anticouple bipale semi-rigide en plastique renforcé de fibre de verre fait 1,962 m de diamètre et est fixé en haut à gauche de la poutre arrière. La hauteur de rotation permet l'embarquement de matériels et de personnels par les portes arrières rotors tournants, moyennant toutefois une circulation de précaution devant les plans horizontaux. Sur le T2, le Fenestron à dix pales asymétriques fait 1,150 m de diamètre.

Patins (14-17-40)

Deux principaux types de patins en tubes aluminium sont disponibles selon les utilisations et les équipements

EC 145 TECHNICAL STUDY

Cockpit (EC 145) (pictures 1-2-3-5)

The control panel is a JAR OPS 3 single-pilot certified unit based on the Thales Avionics MEGHAS digital suite with three color MFDs. All the readouts are NVG compatible. The avionics suite includes a 3-axis autopilot, GPS, and a Vehicle and Engine Management Display (VEMD) showing the engines parameters.

Cabin (4-6-9-28)

The cabin is devoid of any post or wall, offering over 213 cu ft of internal volume for medical attendance or troop carrying. Access comes in the shape of two pilot doors, two lateral sliding doors, and two rear shell doors. The pilot's doors can remain partly open in flight to prevent relative wind from entering the cabin when the sliding doors are open. These doors slide backward to allow personnel and passengers embarkation or winching operations. Air speed is limited to 50 kts with the sliding doors open, and 80 kts with the pilots' doors partly open. Access to and from the rear is possible with engines and rotors running.

Engines (7-8-10-11-35-38)

All EC 145s are powered by two Turbomeca Arriel-1E2 each producing 550 kW (748 hp) driving the four-bladed main and two-bladed anti-torque rotors. EC 145 and EC 645 T2s (now H145 and H145M) are powered by two FADEC-controlled Turbomeca Arriel-2E engines each producing 710 kW (898 hp), and driving the same four-bladed rotor with a ten-bladed Fenestron anti-torque rotor.

Tanks

The internal tanks can contain up to 1,530 lb of usable Jet A-1 fuel, or 1,500 lb with self-sealing tanks. The H145 internal and usable capacity tops 1,594 lb.

Main Rotor (13-41)

The four-blade main rotor is 36.06 ft in diameter and is similar on both types. The rigid blades are made of plastic-reinforced carbon fiber that are bolted to a titanium rotor head. The assembly uses 20% less parts than a conventional articulated rotor. The blade profile is Onera OA409/OA407 outboard and OA415/OA312 inboard.

Anti-torque rotor (ATR) (12-15-16)

The 6.43 ft semi-rigid two-blade ATR is made of plastic reinforced glass fiber that is attached to the top of the boom. The rotation height, coupled with the height of the ailerons, allows personnel to safely access the rear doors while engines are running. On the H145, the Fenestron consists of ten-asymmetric blades with a 3.77 ft diameter assembly.

Skids (14-17-40)

There are two main types of aluminum skid mounts:
- Short skids: This baseline version can be fitted with "bear paws" (snow plates) on the rear, and/or cable-pushers on the front (if the helicopter has a cable-cutter system). The entrance steps are different depending on the position of the hoist; it is longer with a pronounced flattening on the side of the hoist; while the other side is generally shorter and rounder with square tips to accommodate a search light.
- Long skids: These have an upward 3-ft extension on

© Samuel Prétat - 19

© Samuel Prétat - 20

© Eurocopter - 21

© Jean-Yves Stollesteiner - 22

© Samuel Prétat - 23

© Samuel Prétat - 24

© Samuel Prétat - 25

© Samuel Prétat - 26

© Samuel Prétat - 27

© Samuel Prétat - 28

© US Army - Redstone Arsenal - 29

© Wiesbaden 112 - S. Stenzel - 30

© US Army - 31

© Frédéric Marsaly - 32

© Jean-Yves Stollesteiner - 33

de mission nécessaires :
- Patins courts, version de base. Ils peuvent recevoir divers équipements tels des plaques anti-enfoncement à l'arrière pour la neige ou des lames anti-câble sur les pointes avant. À noter que les marchepieds sont différents selon la position du treuil, le marchepied étant plus long avec un méplat prononcé côté treuil, plus court de l'autre côté avec une pointe permettant de fixer un projecteur.
- Patins longs avec un segment de 1 m fixé à l'arrière pour permettre l'installation du kit de flottabilité. On retrouve les mêmes marchepieds que sur la version courte.

Si les coupe-câbles et les barres marchepieds sont amovibles, le reste est fixe. Ainsi, pour passer des patins courts aux patins longs, l'hélicoptère est posé sur un ber et c'est l'ensemble qui est changé en atelier. Pour la neige ou les sols meubles, les patins courts peuvent être dotés de plaques anti-enfoncement fixées à l'arrière des patins. Ces plaques peuvent être rectangulaires ou triangulaires et plus ou moins longues selon le fournisseur et le type de terrain.

Élingue (29)

Le crochet sous le fuselage a une capacité de levage de 1500 kg, ce qui est la capacité cargo de la machine. Le crochet sert pour les opérations de levage ou de transport sous élingue mais l'EC 145 n'est pas très utilisé comme hélicoptère de travail. Par contre, il arrive que la Sécurité Civile française l'installe pour sortir des animaux coincés dans des anfractuosités ou lieux difficilement accessibles (vaches, chevaux...). Un jeu de rétroviseurs peut être installé sous le nez pour voir sous la machine mais la SC préfère mettre le MBO à contribution.

Coupe-câbles (19-20-24-25-27)

Le système anti-câble comprend quatre éléments destinés à faire en sorte que la machine qui rencontre un fil ou un câble électrique ne s'écrase pas :
- un premier coupe-câble avec une lame sur la cabine
- un second coupe-câble avec une lame sous la cabine
- une lame à l'extrémité avant de chaque patin
- une lame protégeant les axes des essuie-glaces

Si un câble barre le nez de la machine, il glisse soit vers le haut, soit vers le bas pour être coupé par les lames. S'il se présente au dessus du coupe-câble supérieur, le rotor tournant est supposé le couper. Et s'il se présente sous le coupe-câble inférieur, il glisse sur les lames des patins et passe sous la machine.

Treuil (21-22-23-26-30)

Le treuil électrique de marque Goodrich est installé au bout d'une potence repliable pouvant être installée indifféremment à droite ou à gauche au dessus des portes coulissantes de la cabine. Il a une capacité de 278 kg (600 lbs) et une longueur de 90 m de câble avec éclairage. Il est installé à droite pour les vols maritimes et à gauche pour les vols en montagne, afin que le pilote ait la meilleure visibilité sur les obstacles potentiels. Une nouvelle commande a été développée avec une molette variateur de vitesse pour le moteur du treuil.

FLIR et boule optroniques (31-32-33-36)

Plusieurs types de systèmes optroniques peuvent être adaptés à l'EC 145 pour des missions de sécurité publiques ou de recherche. Ces systèmes sont proposés par plusieurs sociétés toutefois le plus populaire est le MX-15i de la société L-3 Wescam qui a été

the rear to accommodate the flotation gear for maritime flights. The entrance steps are the same.

Cable deflectors and entrance steps are removable, but the rest of the assembly is not. To change the short skids into the longer ones, the helicopter must be lifted up in the workshop while the whole skid assembly is switched. For snowy and soft ground the short skids can be fitted with plates on the rear or along the tubes. Called "bear paws", these plates come in different shapes, rectangular or triangular depending on the provider and/or the ground surface.

Sling (29)

The belly hook can sustain up to 3,300 lb., which nearly amounts to the maximum payload. The hook can be used for aerial work using the EC 145 like a sky crane, however this is not the specialty of this machine. The sling can also be used for "bambi bucket" firefighting operations, or to rescue large animals stranded in remote or inaccessible areas. Mirrors can be installed under the nose to allow the crew to see under the helicopter.

Cable-cutters (19-20-24-25-27)

Four elements compose the anti-cable system should the helicopter become entangled in electric wires:
- One cable-cutter above the cockpit
- One cable-cutter under the nose
- One cable-deflector on each front tip of the skids
- One small blade bolted between the wipers axis

If the helicopter crosses path with wires it either slides the wires upward or downward to be sliced by the front cutters. If the wire meets the aircraft above the upper cutter it is then supposed to be cut by the turning rotor. If the wire gets under the lower blade it is pushed downward by the skid blades and slides under the skids.

Rescue Hoist (21-22-23-26-30)

The articulated Goodrich winch is set on a pivoting bracket that can be installed on either side of the helicopter above the sliding doors. It can lift up to 600 lb, with a cable that is 295 ft. long. In single-pilot aircraft it is installed on the right side for maritime flights, and on the left for mountain rescue, allowing the pilot better situational awareness in case of emergency. The entrance step shape is related to the operating side. A new winch control set is now being fielded with a speed control dial.

FLIR and Electro-optical turets (31-32-33-36)

Several EO systems can be installed on the EC 145 family for law enforcement and SAR roles. Companies offer a wide range of products, with the most popular being the L-3 Wescam's MX-15i turret ordered by the US Army (100), the French Gendarmerie (12), and the London Met police (3). The turret weighs 48.5 lb and can be fitted under the nose, or on a short pylon on an entrance step tip. Up to six high-definition digital and optical systems can be installed in the MX-15 with real time data link to ground stations, or to law enforcement

© Jean Patry - 34

© Archives Michael Mau - 35

© DR - 36

© Jean Patry - 37

© Samuel Prétat - 38

© Jean-Yves Stollesteiner - 39

© Jean-Yves Stollesteiner - 40

© Samuel Prétat - 41

© Utah National Guard - 42

© Samuel Prétat - 43

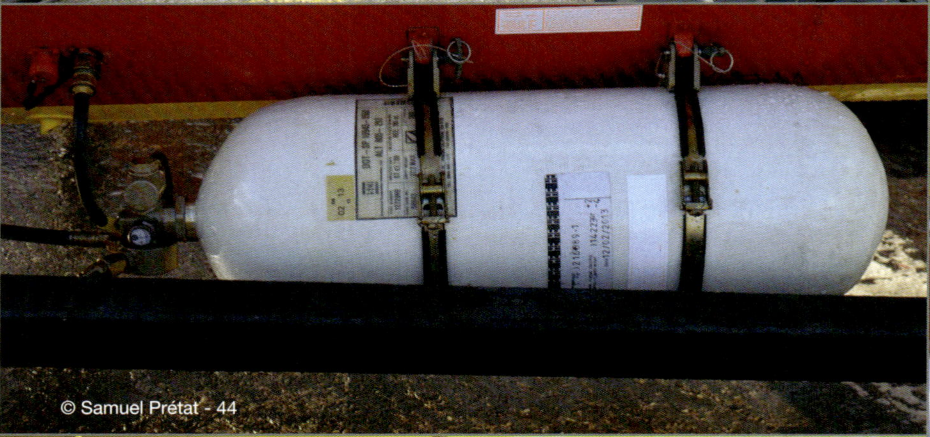
© Samuel Prétat - 44

© Samuel Prétat - 45

© Samuel Prétat - 46

© Samuel Prétat - 47

choisi par l'US Army (100), la police de Londres (3) ou la Gendarmerie française (12). Le système pèse 22 kg et peut être installé soit sous le nez de la machine, soit sur un bras sur l'une des barres marchepieds. Le MX-15 peut recevoir jusqu'à six optiques très haute définition, infrarouge et électro-optiques, avec pointeur laser, transmission en temps réel vers des stations au sol, le tout piloté par une station amovible en cabine. Selon les besoins ou les budgets alloués au fonctionnement de l'hélicoptère, il peut n'embarquer que des systèmes plus basiques sur demande de l'utilisateur.

Filtre antisable (IBF)

Ce filtre, appelé *Inlet Barrier Filter* (IBF), empêche toute contamination du moteur par ingestion de particules, sable ou poussières, ou corps étranger. Il est installé sous les capots moteurs sur le dessus de chaque turbine et filtre leur arrivée d'air alimentée par un by-pass. Cette protection ne réduit pas le rendement de la machine tout en en protégeant les parties les plus sensibles. Les deux filtres textiles de chaque filtre sont amovibles et peuvent être nettoyés pour réutilisation. En cas d'urgence, de blocage des filtres ou de baisse d'alimentation d'air, les by-pass peuvent être activés pour permettre l'alimentation directe des turbines.

Projecteur (39-42)

Le principal projecteur utilisé avec l'EC 145 est le Spectrolab SX-16 au xénon de 1600 W (ou 40 millions de bougies) avec infrarouge et d'une portée d'un kilomètre. L'ensemble projecteur/bras pèse 27 kg et s'installe sur les marchepieds, les patins ou le fuselage. Une version plus légère est aussi utilisée, le Spectrolab SX-5 Starburst de 500 W/20 millions de bougies d'une portée de 500 m. D'autres modèles sont adaptables selon les clients et les missions.

Radar Météo (34-37)

Le radar météorologique Telephonics RDR-1600 est logé dans le nez sous le radome. Pour la Sécurité Civile, il a été installé sur tous les hélicoptères lors de la visite des 600 heures. Notons que beaucoup d'EC 145 sont équipés d'un carénage plus petit qui abrite de l'avionique additionnelle ou de l'électronique de mission.

Kit de flottabilité (43-44-45)

Ce kit fabriqué par DART Aerospace se fixe uniquement sur les patins longs et consiste en quatre boudins gonflables fixés en avant et en arrière de chaque patin. Il doit être armé par le pilote pour pouvoir fonctionner, soit par déclenchement manuel soit par détection d'eau salée. Le pilote ne l'arme généralement que pour les manœuvres effectuées à basse vitesse en vol maritime (treuillage, recherche...), jamais pour les vols de transit en raison de contraintes de vitesse.

Une bouteille d'hélium installée sous le flanc droit remplit les quatre boudins instantanément et permet la flottabilité le temps que les secours se présentent pour sauver les occupants de la machine posée en mer.

Autres équipements optionnels

Rétroviseurs pour le travail à l'élingue, haut-parleurs, caméra gyrostabilisée pour les opérations de recherche et de sécurité publique, plaques anti-enfoncement pour les posés sur la neige molle, barre de rappel pour les forces spéciales... la mission détermine l'équipement nécessaire qui peut inclure des matériels customisés en usine ou fabriqués à la demande.

teams via an operator console in the back of the cabin. Systems configuration is usually linked to the missions and the operator's budget.

Inlet Barrier Filter

This filtering system prevents the engine from ingesting dust, sand, and other types of FOD. It is installed between the engine intakes and the top cowling on each side for the rotor hub, and comprises by-pass doors to protect the engines from any type of contamination. The filters are made of washable fabric pleated between two layers of wire cloth. Reusable and easy to install, the IBF does not downgrade the performance and can be by-passed in case of emergency.

Search Light (39-42)

The main light used on EC 145s is the 40-million candlepower 1,600 W xenon Spectrolab SX-16 offering a 3,000 ft-range. The light and its bracket only weigh 59 lb, and is usually fitted on one of the entrance step tips or on the skids. The lighter 20-million candlepower 500 W Spectrolab SX-5 Starburst is also used, and there are many other products available in this market.

Weather Radar (34-37)

The EC 145 uses a Telephonics RDR-1600 weather radar installed in a radome mounted on the nose. On French Sécurité Civile *aircraft the radar was retrofitted when they underwent their 600-hour inspection at Nimes. Many helicopters have instead a smaller nose fairing that generaly houses additional avionics or special mission electronics.*

Flotation Gear (43-44-45)

The DART Aerospace kit consists of four inflatable cushions fitted on helicopters equipped with long skids only in order to increase stability when activated on water. The mechanism must be armed before being activated either by pressing the trigger on the cyclic stick handle, or when a probe detects salted water. The pilot arms the system when transitioning to slow or stationary maneuvers, like searching or hoisting.

When triggered, a pressurized helium container situated on the lower right-hand side of the fuselage instantly fills the cushions, thus allowing the ditched helicopter to float for some time so that the occupants can be rescued.

© American Eurocopter

Other optional equipments

Many other devices and specialized equipment can be fitted on the EC 145 such as underbelly mirrors for sling works; public address speakers; gyro-stabilized cameras for SAR missions; anti-hollow-plates for soft ground; a rappelling arm for special forces support; and any other custom-made equipment that may be needed to meet mission requirements.

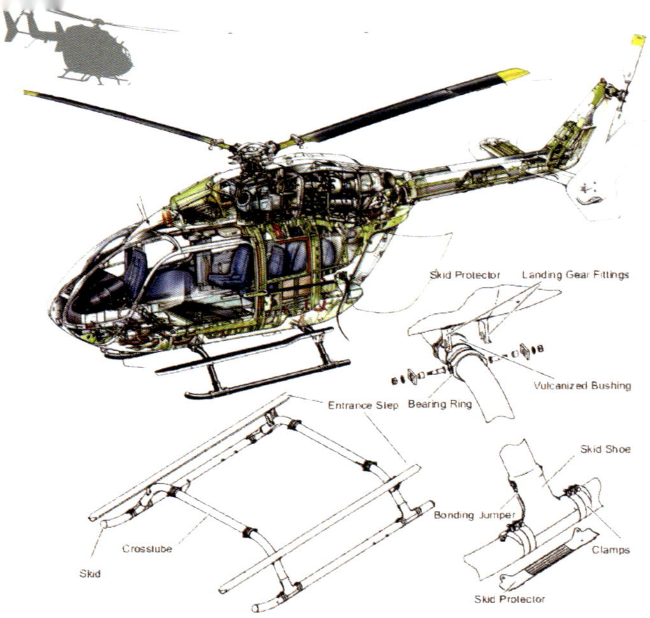

EC 145 / UH-72A			
Equipage de marche	1	1	Crew
Moteurs	2 x Turbomeca ARRIEL 1E2		Engines
Puissance au décollage (par moteur)	550 kW	738 shp	Take-off Power (per engine)
Cabine (dim internes)			**Internal Dimension**
Longueur (m)	4,65	15.25	Length (ft)
Hauteur (m)	1,27	4.16	Height (ft)
Largeur (m)	1,40	4.59	Width (ft)
Capacité (pax)	10	10	Pax capacity
Surface (m²)	4,72	50.77	Floor surface (sq ft)
Volume (m³)	6,04	213.15	Volume (cu ft)
Fuselage			**Fuselage**
Longueur fuselage (m)	10,20	33.5	Length (ft)
Largeur (m)	1,73	5.68	Width (ft)
Longueur totale (m, inc. Rotor)	13,00	42.65	Length with turning rotor (ft)
Hauteur (m)	3,96	12.99	Height (ft)
Masses			**Weight**
Masse à vide (kg)	1792	3,951	Empty weight (lb)
Charge utile (kg)	1793	3,953	Payload (lb)
Masse maxi au décollage (kg)	3585	7,903	MTOW (lb)
Capacité élingue (kg)	1500	3,307	Sling capacity (lb)
Capacité réservoirs (kg)	694	1,530	Tank capacity (lb)
Rotors			**Rotors**
Diamètre rotor (m)	11,00	36.09	Main rotor diameter (ft)
Diamètre anticouple (m)	1,96	6.43	Anti-torque rotor diameter (ft)
Performances			**Performances**
Vitesse maxi (km/h)	278	150,000	Max speed (kt)
Taux de monté (m/s)	8,1	1,600	Climb rate (ft/m)
Plafond maxi (m)	5485	18,000	Top ceiling (ft)
Distance franchissable (km)	680	370	Range (nm)
Endurance (minutes)	215		Flying time (minutes)
Temp. Mini de fonctionnement (°C)	-45	-49	Min operating temperature (°F)
Temp. Maxi de fonctionnement (°C)	50	122	Max operating temperature (°F)
Début de Production	1998		Production start
Quantité produite à début 2015	740		Number produced by early 2015
(données/data Airbus Helicopters)			

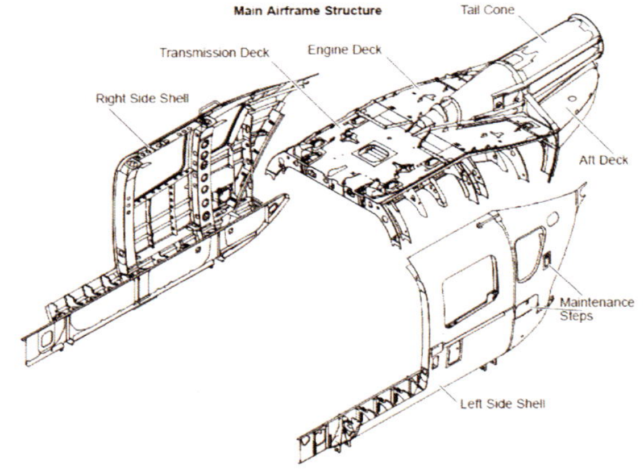

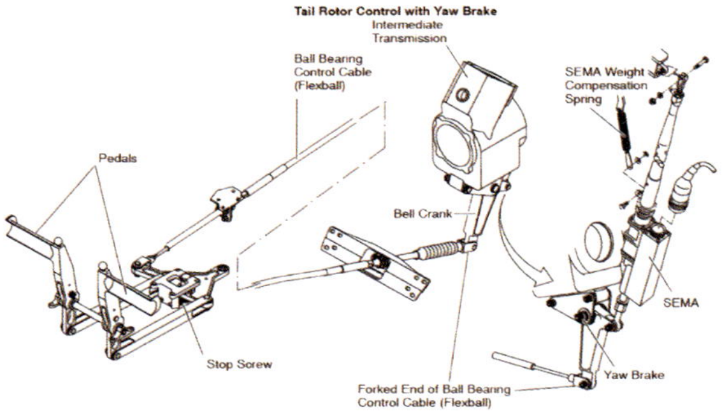

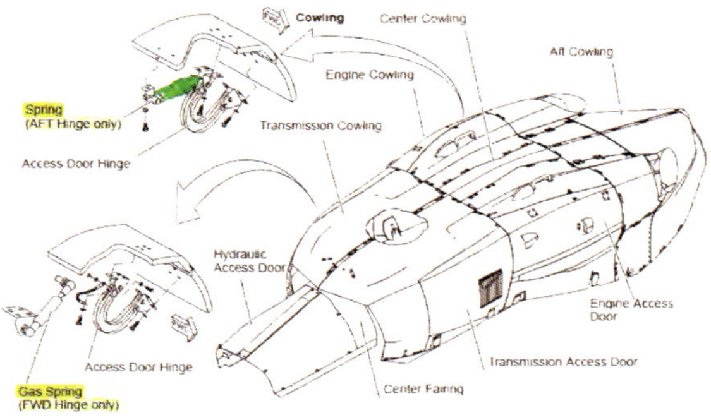

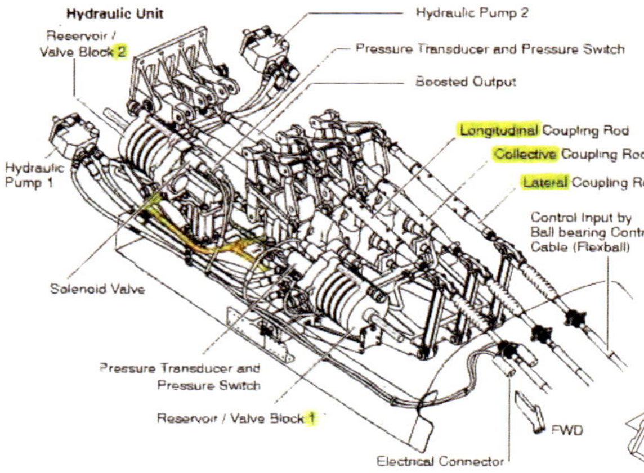

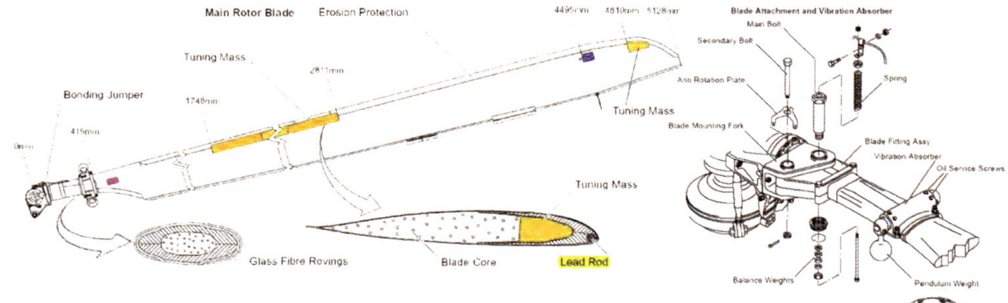

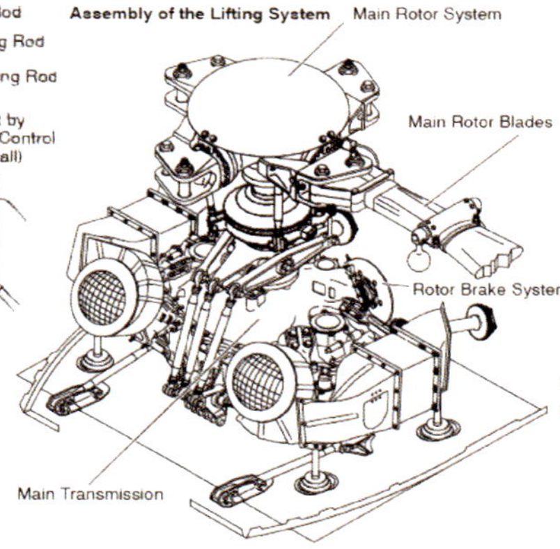

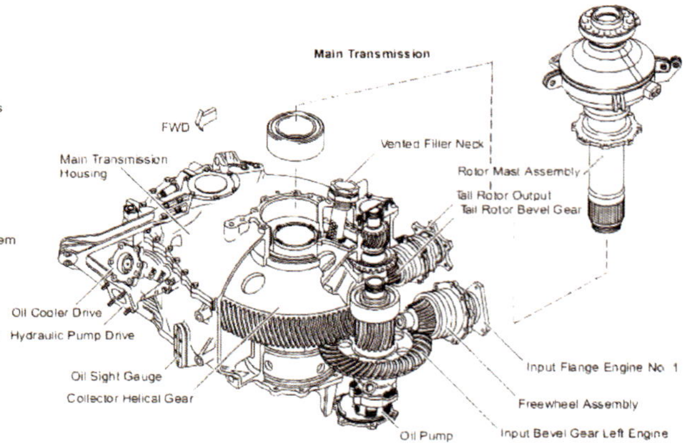

	Bö 105 CB	BK 117 B2	EC 135	EC 145 & UH-72A	H145 (EC 145 T2)	H145M (EC 635 T2)	
Equipage de marche	2	2	1 ou/or 2	1 ou/or 2	1 ou/or 2	1 ou/or 2	Crew
Moteurs	2 Allison 250-C20B	2 Honeywell LTS 101-750B-1	2 Turbomecca ARRIUS 2B2 ou/or 2 Pratt&Whitney PW206B2	2 Turbomeca ARRIEL 1E2	2 Turbomeca ARRIEL 2E	2 Turbomeca ARRIEL 2E	Engines
Puissance au décollage (par moteur)	313 kW	442 kW	609 kW	550 kW	710 kW	710 kW	Take-off Power (per engine)
Cabine (dim internes)							**Internal Dimension**
Longueur cabine (m)	1,90	3,02	4,04	4,65	4,65	4,65	Length (m)
Hauteur cabine (m)	1,30	1,28	1,26 (cockpit)	1,27	1,27	1,27	Height (m)
Largeur cabine (m)	1,40	1,60	1,50	1,40	1,40	1,40	Width (m)
Capacité cabine (pax)	4	7 à 10	7	10	10	10	Pax capacity
Surface cabine (m²)	1,47	3,72	5,50	4,72	4,72	4,72	Floor surface (m²)
Volume Cabine (m³)	3,60	4,67	5,90	6,04	6,04	6,04	Volume (cu. m)
Fuselage							**Fuselage**
Longueur fuselage (m)	8,81	9,91	10,20	10,20	11,69	11,69	Length (m)
Largeur (m)	1,58	1,60	1,56	1,73	1,73	1,73	Width (m)
Longueur totale (m, inc. rotor)	11,90	13	12,16	13,00	13,63	13,63	Length with turning rotor (m)
Hauteur (m)	3	3,85	3,51	3,96	4	4	Height (m)
Masses							**Weight**
Masse à vide (kg)	1 301	1 727	1 455	1 792	1 919	1 931	Empty weight (kg)
Charge utile (kg)	690	1 200	1 455	1 793	1 731	1 769	Payload (kg)
Masse maxi au décollage (kg)	2 500	3 350	2 910	3 585	3 650	3 700	MTOW (kg)
Capacité Sling (kg)	1 200	1 200	1 300	1 500	1 500	1 500	Sling capacity (kg)
Capacité réservoirs (kg)	456	570	560	694	738	738	Tank capacity (kg)
Rotors							**Rotors**
Diamètre rotor (m)	9,80	11	10,20	11,00	11,00	11,00	Main rotor diameter (m)
Diamètre anticouple (m)	1,9	1,96	1	1,96	1,15	1,15	Anti-torque diameter (m)
Performances							**Performances**
Vitesse maxi (km/h)	242	277	257	278	268	250	Max speed (km/h)
Taux de monté (m/s)	7,5	11	8,9	8,1	8,8		Climb rate (m/s)
Plafond maxi (m)	5 180	5 182	3 430	5 485	6 095	6 095	Top ceiling (m)
Distance franchissable (km)	575	540	620	680	650	662	Range (km)
Endurance	2h10	2h20	3h23	3h35	3h37		Endurance (h)
Temp. (°C) Mini de fonctionnement	-45	-30 (-40)	-35 (-45)	-45	-45	-45	Min operating temperature (°C)
Temp. (°C) Maxi de fonctionnement	54	35 (50)	39 (50)	50	50	50	Max operating temperature (°C)
Production	1967-2001	1979-	1996-	1998-	2014-	2014-	Production years
Quantité	plus de/over 1 400	Près de/ about 500	1177 à fin/end 2014	741 à début/ early 2015	32 à début/ early 2015	2 à début/ early 2015	Production
(données/data Airbus Helicopters)							

(les températures entre parenthèses correspondent aux maximales avec kit spécial / *Data between brackets indicate maximum temperatures when the machines are fitted with a special kit*)

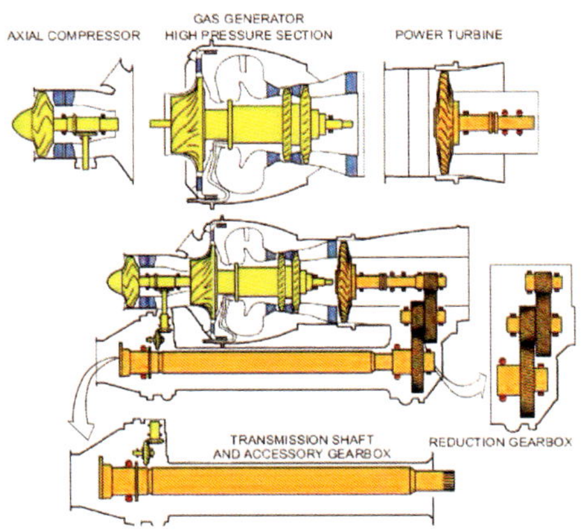

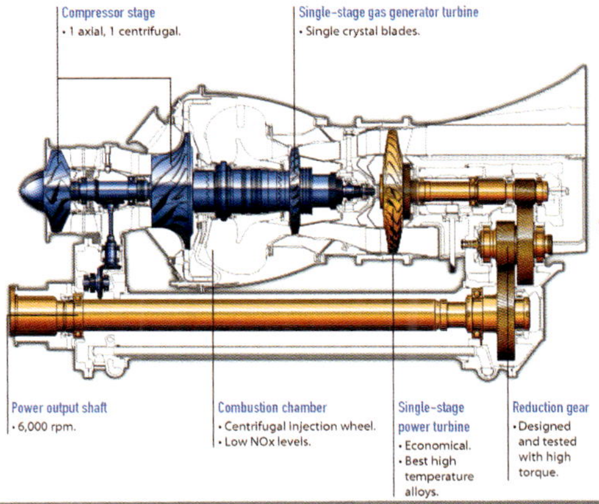

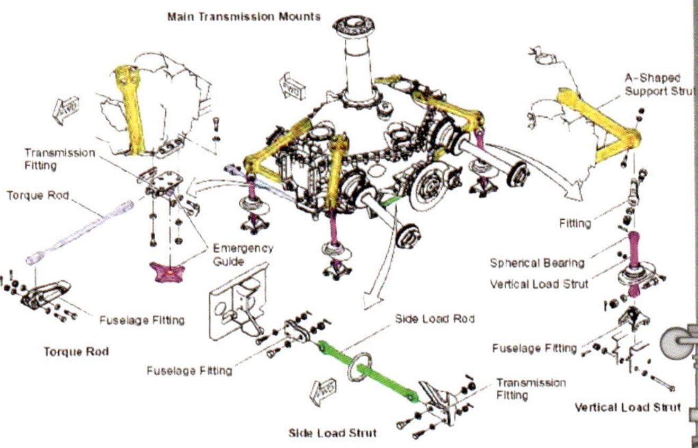

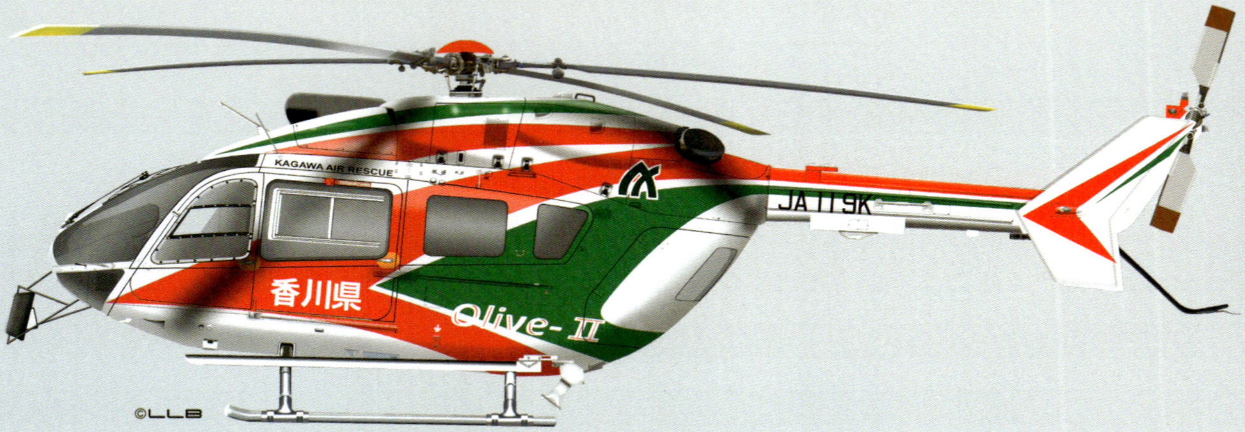

«Olive II» est le KHI BK 117 C-2 msn 4013 utilisé par le service d'urgence de la préfecture de Kagawa depuis 2009. Haut-parleurs et équipements EMS sont installés en permanence.

This KHI BK 117 C-2 msn 4013 has been used by the Kagawa Prefectural Disaster Prevention Aviation Unit since 2009. It is fitted with loudspeakers and EMS equipments for public safety missions.

Le msn 9026 est le premier des six EC 145 livrés à la Rega à partir de 2002. Affectés aux bases de plaine, ils interviennent sur le Léman comme en montagne pour tout type de mission de secours ou d'évacuation sanitaire.

Msn 9026 is the first of six EC 145s delivered to Rega between 2002 and 2008. They are based in the lowlands and operate on the Leman lake as well as in the mountains for all sorts of SAR and EMS flights.

Dragon 76 (msn 9031) est configuré pour le SAR maritime et l'EMS depuis Le Havre. Outre les patins longs et le treuil à droite, il peut embarquer une civière pour les vols sanitaires entre les hopitaux locaux.

French Sécurité Civile EC 145 (msn 9031) "Dragon 76" is configured for maritime SAR in the English Channel and EMS in support of the Normand rescue services. It has long skids with flotation gear, a right hand-side hoist and can accomodate a stretcher for flights between local hospitals.

La Helikopterska Kompanija (ou HIKO) croate a utlisé le msn 9055 entre 2005 et 2008 pour le secours aérien, en coopération avec l'automobile club national. Il était équipé d'une civière et d'un treuil, configuration qu'il a gardé en passant à la DRF allemande en 2009.

The Croatian Helikoperska Kompanija (HIKO) has flown this msn 9055 between 2005 and 2008 for EMS and SAR, in full cooperation with the local automobile club. It was fitted with a hoist and a stretcher, equipment it has retained for use with Germany's DRF Luftrettung since 2009.

Le msn 9080 aménagé par Metro est mis en oeuvre par le Stat Medevac à Baltimore dans le Maryland depuis 2006 Sous l'indicatif «MedEvac 10», il opère autour de l'hopital Johns Hopkins. Il est intégré au sein du Johns Hopkins Hospital Lifeline Critical Care Transport Program du Maryland.

Msn 9080 is operated by Stat Medevac from the Baltimore harbor Pier 7, MD, under the call sign «MedEvac 10». It flies with the Johns Hopkins Hospital Lifeline Critical Care Transport Program with specific EMS fittings installed by Metro.

Cet unique EC 145 de la garde frontalière lithuanienne sert de «bonne à tout faire» à cette administration, de la patrouille à la lutte anti-incendie en passant par la sécurité publique ou le transport de personnalités

The single Lituanian EC 145 is the Border Guards' "jack of all trades", used for border patrol, fire-fighting, law enforcement or VIP transport witrh many removable mission equipements available for each role.

Cet EC 145 msn 9250 est l'un des trois au service du Metro Life Flight de Cleveland, Ohio. Il sert aux vols médicaux d'urgence avec médecins et «flight nurse» certifiés, avec de nombreux équipements médicaux.

EC 145 msn 9250 is one of three flying for Cleveland's Metro Life Flight in Ohio. It is used for critical care air medical transport with flight nurse specialists and a wide range of hi-tech medical equipments.

Quatre Lakota ont été affectés en 2010 sur l'atoll de Kwajalein au centre balistique Ronald Reagan. Gréés pour le vols maritime, ils servent aussi au SAR et au service public sur l'atoll, d'où cette livrée particulièrement visible du msn 9305.

In 2010, four Lakotas have been assigned to the Kwajalein ballistic missile range. They are configured for maritime operations and are also used for local SAR and authorities support, hence the highly conspicuous livery on UH-72A msn 9305.

Deux EC 145 dont le msn 9308 ont été livrés à l'opérateur argentin Helicopteros Marinos SA en 2010. Ces machines servent au transport off-shore et à toute activité de travail aérien au sud du pays.

Argentina's Helicopteros Marinos SA ha been using two EC 145s since 2010, mainly for off-shore transports. They can however be used for any kind of aerial works needed in the Southernmost part of the country. This is msn 9308.

La police de Virginie dispose d'un unique EC 145 msn 9384, indicatif «Air One», utilisé principalement pour les vols médicaux d'urgence. Il peut accessoirement servir au soutien des State Troopers pour la sécurité publique de l'Etat de Virginie.

EC 145 msn 9384 call sign "Air One" is Virginia's critical care best transport asset. This Med Flight machine can also be used for State Troopers support and law enforcement.

La police militaire de l'État de Bahia utilise son EC 145 msn 9538 principalement pour tout type de mission EMS et de police, avec treuil, projecteur, FLIR et poutre de rappel.

This lone state of Bahia police EC 145 msn 9538 is mainly used for EMS and law enforcement missions with FLIR, search light, hoist, mirrors and rappelling arms.

Les pompiers militaires de l'État du Minas Gerais disposent de cet unique EC 145 msn 9650 pour des missions de secours au service du SAMU local. Il est configuré pour l'EMS, la lutte anti-incendies et le SAR.

The Minas Gerais military Fire Corps uses this single EC 145 msn 9650 for all rescue and EMS missions. It is configured for critical care sanitary flight, SAR and fire-fighting.

Ce H145 est le premier reçu par Bond Helicopters pour le compte de l'East Anglia Air Ambulance. «Anglia 2» sert à l'EvaMed et à l'EvaSan autour de Cambridge. Il a été livré en mars 2015.

"Anglia 2" is the first Bond Helicopters H145 fielded in East Anglia for MedEvac and SanEvac around Cambrdge. It has been delivered in March 2015.

La police du Land de Bade-Wurtemberg inaugure la mission «maintien de l'ordre» pour le H145 avec ce premier H145 msn 20041 livré en juillet 2015 pour les 50 ans du *Polizeihubschrauberstaffel* basé à Stuttgart.

This H145 msn 20041 inaugurates the Law Enforcement mission of this model. delivered in July 2015 to the Land of Baden-Wurtemberg Polizeihubschrauberstaffel (based at Stuttgart) at the time of their 50 years anniversary.

Les quinze H145M de la Luftwaffe sont au service du commandement des forces spéciales. Ils sont dotés de nombreux équipements purement militaires dont un système d'autodéfense, des radios tactiques et un treuil.

The fifteen Luftwaffe H145M are to be used by the Special Force Command with specific military equipments, such as self-protection suite, tactical radios and hoist/rappel arms.